# 머릿속에 쏙쏙!
# 상대성이론 노트

머릿속에 쏙쏙!

# 상대성이론 노트

사이토 가쓰히로 지음 조사연 옮김

시그마북스
Sigma Books

# 머릿속에 쏙쏙! 상대성이론 노트

**발행일** 2022년 8월 5일 초판 1쇄 발행
**지은이** 사이토 가쓰히로
**옮긴이** 조사연
**발행인** 강학경
**발행처** 시그마북스
**마케팅** 정제용
**에디터** 신영선, 최연정, 최윤정
**디자인** 이상화, 김문배, 강경희

**등록번호** 제10-965호
**주소** 서울특별시 영등포구 양평로 22길 21 선유도코오롱디지털타워 A402호
**전자우편** sigmabooks@spress.co.kr
**홈페이지** http://www.sigmabooks.co.kr
**전화** (02) 2062-5288~9
**팩시밀리** (02) 323-4197
ISBN 979-11-6862-041-4 (03420)



* 시그마북스는 (주) 시그마프레스의 단행본 브랜드입니다.

# 시작하며

이 책은 아인슈타인의 유명한 '상대성이론'을 알기 쉽게 설명한 책이다. 미적분으로부터 도망친 문과 수포자들도 흥미진진하게 읽을 수 있도록 쉽게 풀어 썼다.

세상에는 유클리드의 '기하학'을 비롯해 뉴턴의 '자연철학의 수학적 원리', 맥스웰의 '전자기학', 클라우지우스 등의 '열역학', 아인슈타인의 '상대성이론', 루이 드브로이의 '양자론' 등 대이론이라 불리는 몇 가지 이론이 있다. 그런데 하나같이 어찌나 난해한지 우열을 가리기 힘들 정도다. "어디 이해할 테면 이해해보라지!" 하고 말하는 것 같기도 하다.

게다가 20세기 들어 확립된 상대성이론과 양자론은 어려울뿐더러 잘 믿기지도 않는다. '말도 안 돼!' 하고 의심을 품게 되는 내용이 끊임없이 튀어나온다. 상황이 이러하니 이해에 앞서 긴장을 풀고 뇌를 부드럽게 할 필요가 있다.

대이론을 읽어나가기 위해서는 '이해해야지!' 하는 생각부터 버리자. 누가 뭐라든 개의치 말고 쭉쭉 읽어나가는 것이 중요하다. 읽다 보면 '믿기 힘든 사실'이 머리에 남는다.

처음에는 그걸로 족하다. 너무 많은 걸 바라면 안 된다. 그다음이 중요하다. 처음에 끝까지 완독했다면 기억이 생생할 때 다시 한 번 읽어보자. 그러면 처음에 믿기 힘들었던 부분이 '음, 그럴 수도 있겠다' 하며 다가온다.

그러면 이제 내 것이나 다름없다. 조금이라도 알 것 같은 부분을 찾아서 이해하려고 애쓰며 읽어보기 바란다. 그러다 보면 분명 재미있게 다가오는 부분이 있을 것이다.

그렇다. 상대성이론은 재미있다. 우선 스케일이 장대하지 않은가. 끝없는 우주를 상대하니 그럴 수밖에 없다. 빛을 타고 돌아다니며 시간을 초월해 비약한다.

이 책을 통해 상대성이론을 즐길 수 있게 된다면 저자에게 그보다 더 큰 기쁨은 없을 것이다.

**사이토 가쓰히로**

# 차례

## 제 3 장 광속 불변의 원리



## 제 4 장 광속에서의 시간 지연



## 제 5 장 광속에서의 길이 수축

## 제 6 장 에너지와 질량은 같다



## 제 7 장 중력과 시공간의 휨



## 제 8 장 입자성과 파동성

## 제 9 장 우주를 구성하는 물질



## 제 10 장 블랙홀

## 제 11 장 우주의 미래

# 제 1 장

# 상대성이론

# 01 아인슈타인이 등장하기 전 물리학은 어땠을까?

아인슈타인이 등장하기 전인 17세기는 영국의 물리학자 아이작 뉴턴의 시대였다. 뉴턴은 정역학과 동역학을 확립하고, 『프린키피아』를 집필했다.

맨 먼저 소개할 학자는 산업혁명 시작 전인 17세기에 활약한 뉴턴이다. 뉴턴[1]은 정지해 있는 물체에 작용하는 힘을 연구하는 '정역학'[2]과 물체의 운동을 다루는 학문인 '동역학'을 확립했다. 또 1687년에는 자신이 확립한 학문을 정리한 『자연철학의 수학적 원리』(약칭: 프린키피아) 총 세 권을 발표했다.

## 절대 시간과 절대 공간

뉴턴 역학의 전제는 **'절대 시간'**과 **'절대 공간'**이다. 우리는 보통 모두가 같은 시간의 흐름 속에서 살아간다고 생각한다. 자고 있을 때나 비행기를 탈 때나 어디서든 시간이 흐르는 모습은 같다. 이처럼 '아무 영향도 받지 않고 어디서나 같은 속도로 흐르는 시간'을 '절대 시간'이라고 한다.

1 아이작 뉴턴(1642~1727년) 영국의 자연철학자, 수학자, 물리학자, 천문학자, 신학자.

2 물리학의 한 분야로 정지하고 있는 물체에 작용하는 힘의 관계를 연구하는 학문. 정역학의 역사는 아르키메데스의 '지레의 원리'나 '부력의 원리' 같은 고대 그리스 시대로 거슬러 올라간다.

또 사물의 길이는 집에서 재든 고속철도에서 재든 어디서나 측정값이 동일하다. 이처럼 외부 영향을 전혀 받지 않고 늘 존재하는 공간을 '절대 공간'이라고 한다.

## 운동의 법칙

『프린키피아』에서는 앞서 설명한 '절대 시간' '절대 공간'적 사고 아래 ① 세 가지 '운동 법칙', 그리고 ② 두 물체 사이에서 원격 작용으로 주고받는 힘에 대해 체계적으로 정리했다. ②의 대표적인 예로는 낙하하는 사과 에피소드로 유명한 '만유인력의 법칙'이 있다.

뉴턴의 '운동 법칙'에는 '관성의 법칙(제1법칙)' '가속도의 법칙(제2법칙)' '작용·반작용의 법칙(제3법칙)' 세 가지가 있다.

### a 관성의 법칙

'밖에서 힘이 가해지지 않는 한 물체는 정지한 채로 있거나 등속 직선 운동[3]을 계속한다'는 법칙이다. 관성의 법칙이 성립하는 '계(系)'를 '관성계'라고 한다.

### b 가속도의 법칙

가속도의 법칙은 '물체에 힘을 가하면 힘을 가하는 방향으로 가속한다(가속도가 생긴다)' '가속도는 물체에 작용하는 힘의 크기에 비례하

3 직선 위를 일정 속도로 이동하는 운동.

며 물체의 질량이 클수록 작용하기 어렵다'는 법칙이다. 이 법칙에 근거해 질량을 '물체에 힘을 가해 외부 압력으로 인해 생기는 변화를 막는 것'이라고 정의하게 되었다.

### c 작용·반작용의 법칙

작용·반작용의 법칙은 '모든 작용에는 ① 크기가 같고 ② 방향이 반대인 힘이 동시에 작용한다'는 것이다. 일상에서 경험하는 현상을 법칙으로 정리했다.

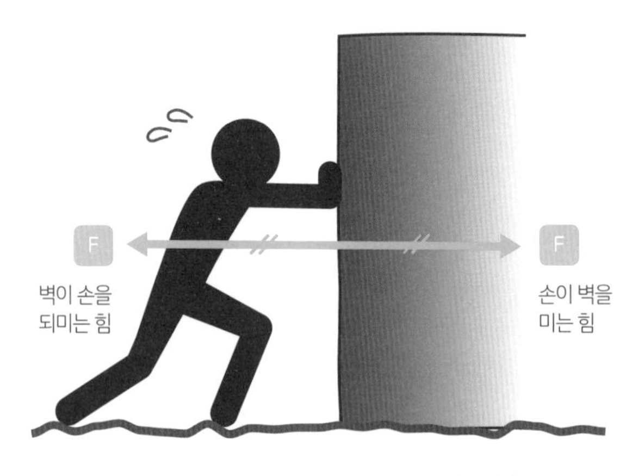


두 힘은 일직선상에서 방향이 반대이고 크기가 같다

**작용 · 반작용의 법칙**

## 17세기 이후의 상식이 흔들리기 시작했다?

뉴턴이 『프린키피아』를 발표한 1687년 이후 『프린키피아』의 존재는 물리학에서 절대적이었다. 만유인력의 법칙을 처음으로 세상에 알린 계기가 되기도 했다.

그러나 그로부터 약 200년이 지난 19세기 말, 물리학계에 두세 조각의 옅은 구름 같은 문제가 출현했다. 빛을 전하는 가상 물질이라 짐작했던 '에테르'와 다양한 물질을 구성하는 '원자 구조'에 관한 문제였다. 이 문제는 이후 물리학계의 토대를 뒤엎는 소용돌이를 일으켰고 '상대성이론'과 '양자역학'이라는 20세기를 대표하는 양대 이론으로 성장했다.

### 절대 좌표

뉴턴 역학은 '절대 시간'과 '절대 공간'을 전제로 한다. 절대 공간 속에는 '절대 좌표'가 존재하는데, 절대 좌표는 우주의 모든 사물과 현상의 근간이 되는 '절대 움직이지 않는 원점' 같은 존재였다. 그러나 학문이 진보하면서 이러한 생각이 흔들리기 시작했다. 뉴턴 시대와 달리 당시는 이미 '태양을 중심으로 행성이 움직인다'는 지동설이 통념이었다. 따라서 지구에 원점을 둘 수 없었다.

게다가 이미 태양이 은하계 안을 움직이고 있다는 사실도 밝혀졌다. 원점을 은하계 중심에 둔다고 해도 은하계는 다른 성운과 서로 끌어당기고 있기 때문에 위치가 일정하지 않다. 그 결과 절대 좌표가 존재하지 않을 가능성이 제기되었다. 이러한 문제 제기에서 시작해 발달한 학문이 '상대성이론'이다.

## 소멸하는 원자

당시 물리학에서는 원자의 구조를 '큰 전하를 가진 입자 주위를 작은 전하를 가진 입자가 원을 그리며 돌고 있다'고 보았다.

그러나 당시 전자기이론에서는 다음과 같이 생각했다.

① 큰 전하를 가진 입자 주위를 작은 전하를 가진 입자가 돌면, 이 과정에서 에너지가 방출된다.

② 에너지가 감소한 작은 입자는 큰 입자 주위를 도는 반경을 점점 좁히며 나선 운동을 한다.

③ 작은 입자는 최종적으로 중심의 전하가 큰 입자 속으로 빨려들어가버린다.

이 생각이 옳다면 결과적으로 원자는 소멸하고 만다. 그러나 우주 탄생 순간부터 지금까지 원자는 변함없이 존재하고 있다. 이러한 문제를 해결하고자 시작된 연구가 **'양자이론'**이다.

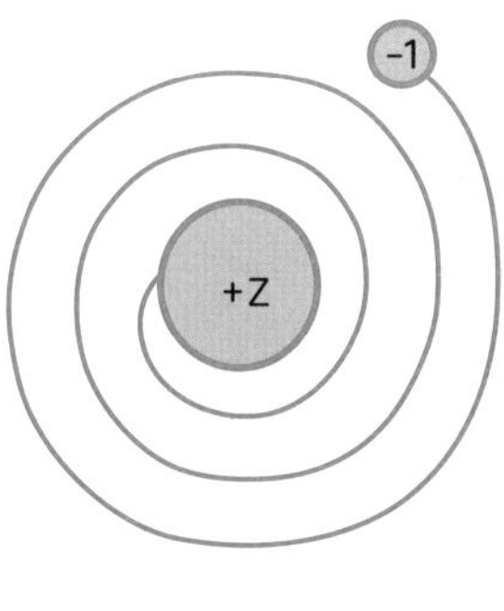


이때 Z > 1

**나선 운동을 하며 소멸하는 원자**

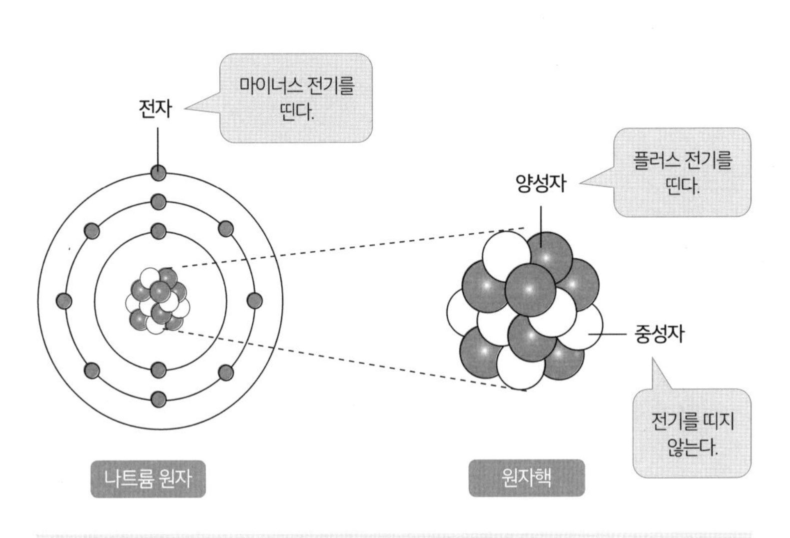


**현대물리학에서의 원자 구조도**

# 03 양자론은 어떻게 탄생했을까?

고대 그리스의 철학자 데모크리토스 등으로 대표되는 '원자론'이라는 학설은 '물질은 원자로 이루어져 있다'고 주장했지만 여기에서의 원자는 물질이 아닌 관념적 존재였다.

그리스 철학 학파 중에 데모크리토스[1] 등으로 대표되는 '원자론'이라는 학설이 있었다. 그들은 만물이 원자(atom)로 이루어져 있다고 주장했다. 그러나 그들이 주장한 원자는 어디까지나 관념적 존재였을 뿐 물질로서의 '원자'는 아니었다.

## 연금술

연금술

시대가 변하면서 중세 유럽에서는 새로이 '연금술'이 유행하기 시작했다. 구체적으로는 '수은 등의 값싼 원자를 금 등의 값비싼 원자로 변화시키는 기

1 데모크리토스 기원전 460년경~기원전 370년경에 활동한 고대 그리스의 철학자. 자연은 더 이상 쪼갤 수 없는 무수한 원자의 결합과 분리에 의해 생성·변화·소멸한다는 원자론을 주장했다.

술' 등을 예로 들 수 있는데, 그 밑바탕에는 '원자가 반응을 일으키면 다른 원자로 변한다'는 생각이 깔려 있었다. 그러나 연금술은 성공하지 못했고 서서히 외면받기 시작했다. 그 결과 '원자는 변하지 않는다'는 생각이 싹트기 시작했다.

### 퀴리 부인

20세기에 들어서면서 퀴리 부인에 의해 '원자는 변한다'는 사실이 밝혀졌다. 퀴리 부인은 원자핵이 방사선을 방출하며 다른 원자핵으로 변하는 현상(방사성 붕괴)을 비롯해 물질의 다양한 성질과 반응을 발견했다. 퀴리 부인의 발견은 상대성 이론, 특히 '양자이론'이 발전하는 데 중요한 계기가 되었다.

퀴리 부인

### 방사성 원소

방사성 원소의 발견은 유명한 '$E = mc^2$' 방정식을 비롯해 중성자별, 중성자별 붕괴로 탄생하는 '블랙홀' 등 다양한 존재의 해명으로 이어졌다. 현대물리학은 매우 작은 세계를 다루는 '원자론'과 엄청난 스케일의 '상대론'이 서로 손을 잡고 있다. 그리고 양 이론의 확립에 큰 공헌을 한 인물이 바로 아인슈타인이라는 거대 과학자다.

칼럼

## 퀴리 부인의 업적

흔히 퀴리 부인으로 불리는 폴란드 출신 물리·화학자의 정식 이름은 마리아 살로메아 스크워도프스카(1867~1934년)다. 방사선 연구로 1903년에 여성 최초로 노벨 물리학상을 수상했다. 또 1911년에 노벨 화학상을 받았으며, 파리 대학 최초의 여성 교수로 발탁되었다. 방사성 원소 라듐과 폴로늄 발견 및 방사능 연구로 유명한데, '방사능'이라는 단어는 퀴리 부인이 직접 발안한 용어다. '폴로늄'이라는 원소명은 그녀의 조국 폴란드를 따서 지었다.

또 남편 피에르 퀴리도 아내와 힘을 합쳐 방사성 원소 연구에 매진한 결과 1903년 퀴리 부인과 함께 노벨 물리학상을 받았다. 그러나 안타깝게도 1906년 교통사고로 사망했다.

장녀 이렌 졸리오 퀴리도 방사성 원소를 연구해 1935년 남편 프레데릭과 함께 노벨 화학상을 수상했다. 퀴리 가문 중 4명이 총 5개의 노벨상을 받은 것이다.

퀴리 부인이 사망한 지 60년이 넘은 지난 1995년, 그녀의 무덤은 프랑스의 위인을 기리는 파리의 국립묘지 '팡테옹'으로 옮겨졌다. 퀴리 부인은 여성 최초로 팡테옹에 묻힌 인물이 되었다.

# 상대성이론은 어떤 학문일까?

아인슈타인은 1905년에 '특수상대성이론'을 발표했다. 러시아 혁명과 제1차 세계대전이 발발하기 약 10년 전의 일이다.

## 상대성이론이란?

상대성이론은 이름 그대로 '모든 것은 상대적이다'라는 입장에서 발전한 이론이다. '상대적'이란 다른 것과의 관계나 비교로 이루어진 모습을 말한다. 이를테면 길이가 1m인 물건이 있다고 하자. 우리는 보통 '누가 보든 누가 재든 1m는 1m'라고 생각한다. 그러나 상대성이론에서는 '보는 사람에 따라 1m의 길이는 변한다' '보는 사람에 따라 1초의 길이는 변한다'고 주장한다.

## 상대성이론의 내용

상대성이론은 크게 **'특수상대성이론'**과 **'일반상대성이론'**으로 나뉜다. 보통은 '일반론'을 말하고 그 뒤 예외적인 사실을 다룬다는 의미에서 '특수론'을 언급하는데, 아인슈타인은 반대였다. 1905년에 '특수상대성이론'을 먼저 발표하고 10년 뒤인 1915~1916년에 '일반상대성이론'을 발표했다. 두 이론의 주요 내용은 다음과 같다.

### a 특수상대성이론

'등속 직선 운동을 한다'는 특수 조건 아래에서의 운동 관련 법칙으로 주요 결론은 다음과 같다.

① 움직이고 있는 물체를 보면 길이가 줄어들어 보인다.
② 움직이고 있는 물체를 보면 시간이 천천히 흐르는 것처럼 보인다.
③ 빛보다 빠른 것은 없다.
④ 빛에 가까운 속도로 움직이는 물체에 속도를 더 더할 수 없다.
⑤ 질량(m)과 에너지(E)는 서로 바꿀 수 있다($E = mc^2$, c는 광속을 가리킨다).

### b 일반상대성이론

'등속 직선 운동'이라는 조건을 제외한 모든 경우에서 통용하는 법칙으로 주요 결론은 다음과 같다.

① 물체 주변에서는 시간과 공간이 휜다. 이 휨이 중력이다.
② 빛이 절대로 빠져나올 수 없는 '블랙홀'이 존재한다.
③ 우주는 빅뱅으로 시작되었으며, 지금도 팽창하고 있다.

다음 장에서부터 상대성이론에 대해 살펴보자.

칼럼

## 아인슈타인은 어떤 인물이었을까?

알베르트 아인슈타인(1879~1955년)은 독일 울름에서 태어난 이론물리학자다. 대표 업적은 특수상대성이론 및 일반상대성이론, 원자와 분자 등 입자가 불규칙적으로 움직이는 '브라운 운동'의 수학적 분석, '광양자 가설'에 의한 빛의 입자와 파동의 이중성 연구 등이다. 기존 물리학에 대한 인식을 근본부터 뒤집은 '20세기 최고의 물리학자'라 칭송받고 있다. '광양자 가설에 기초한 광전 효과의 이론적 해명'으로 1921년 노벨 물리학상을 수상했다.

아인슈타인

아인슈타인은 유머 감각이 풍부했는데, 이와 관련해 몇 가지 에피소드가 있다.

아인슈타인은 똑같은 내용의 강연을 몇 번이고 반복해야 했기 때문에 질릴 대로 질린 상태였다. 한편 아인슈타인의 운전기사는 강연 내용을 전부 외우고 있었다. 그래서 한 강연회에서 운전기사가 아인슈타인으로 변장하고 강연을 했다. 아인슈타인은 강연장 청중석에 앉아 운전기사의 강연를 듣고 있었다. 운전기사는 성공적으로 강연을 마쳤지만 마지막에 날아든 어려운 질문 탓에 말문이 막히고 말았다. 이때 아인슈타인이 일어나서 "정말 쉬운 질문이네요. 그 질문에는 운전기사인 제가 대답하겠습니다"라고 말하며 설명했다고 한다.

또 아인슈타인은 바이올린 연주가 취미였다. 연주 실력이 상당했다는 이야기도 전해지는데, 전문 연주가에 의하면 "상대적으로 훌륭했다(relatively good)"라는 평가다.

아인슈타인은 1921년 노벨 물리학상을 수상했는데, 노벨상을 안겨준 이론은 '상대성이론'이 아닌 '광양자 가설에 기초한 광전 효과의 이론적 해명'이었다. 상대성이론이 아닌 다른 업적으로 노벨상을 수상한 이유를 두고 '상대성이론이 너무 혁명적이라서' '아인슈타인이 당시 차별받던 유대인이라서' 등 여러 설이 있다. 진실은 당시 선정위원만 알뿐 100년이나 지난 지금도 알 길이 없다.

# 제 2 장

# 상대성원리의 기초

# 01 '갈릴레이의 상대성원리'란 무엇일까?

이 장에서는 근대천문학이 발달하기 이전인 16세기까지 널리 받아들여졌던 천동설과 코페르니쿠스의 지동설에 대해 이야기해보고자 한다.

태양은 매일 동쪽에서 떠서 서쪽으로 진다. 해가 진 후 밤하늘에서는 모든 별이 북극성을 중심으로 동심원을 그리며 회전한다. 그러니 옛사람들이 천동설을 믿은 건 어쩌면 당연하다. 그러나 관측 수단이 진화하고 데이터가 축적되면서 천동설을 의심하는 사람이 나오기 시작했다. 그 결과 등장한 이론이 '움직이고 있는 쪽은 지구이며 하늘은 움직이지 않는다'라는 지동설이다.

갈릴레오 갈릴레이

## 천동설의 근거

17세기에 활약한 이탈리아의 과학자 갈릴레오 갈릴레이[1]는 16세기에 활약했던 폴란드 출신의 과학자 코페르니쿠스[2]가 제창한 지동설을 믿

1 갈릴레오 갈릴레이(1564~1642년) 이탈리아의 물리학자, 천문학자.

2 니콜라우스 코페르니쿠스(1473~1543년) 폴란드 출신의 천문학자.

고 이를 뒷받침하는 관측 데이터와 이론을 발표했다. 갈릴레이의 이러한 주장은 그가 사망한 지 250년이나 지난 후 아인슈타인의 마음을 움직였고, '상대성이론'을 구축하는 토대가 되었다. 코페르니쿠스가 지동설을 발표한 후에도 대부분의 과학자는 여전히 천동설을 믿었다. 그들은 천동설의 근거로 다음 두 가지를 제시했다.

① 만약 지구가 움직인다면 땅과 떨어져 공중에 떠 있는 공기는 강풍이 되어 휘몰아칠 것이다.
② 공을 위로 던진다고 가정해보자. 공이 되돌아오는 잠깐 사이에도 공을 던진 사람은 지구와 함께 움직이고 있기 때문에 공은 원래 위치로 돌아올 수 없다.

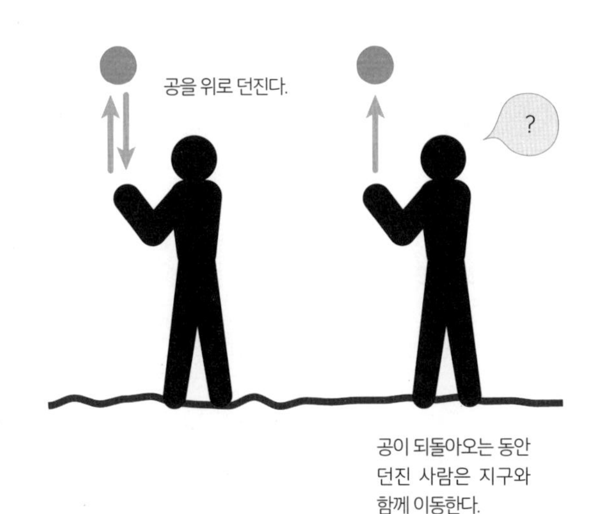


**공을 위로 던지면 어떻게 될까?**

### 범선에서의 실험

그러나 ①은 '공기는 지구와 떨어져 있지 않고 지구와 함께 돌고 있다'고 생각하면 해결된다. ②를 입증하고자 갈릴레이는 배의 돛대와 공을 사용해 실험을 했다. 갈릴레이는 멈춰 있는 범선의 돛대 위에서 공을 떨어뜨렸다. 당연히 공은 똑바로 떨어졌다. 이번에는 일정한 속도로 움직이는 배의 돛대 위에서 공을 떨어뜨렸는데, 이번에도 공은 똑바로 떨어졌다.

움직이는 배를 '우주를 항해하는 지구'라고 바꿔 생각하면, 지구에서 던진 공이 제자리로 돌아오듯이 이와 동일한 현상이 우주 공간에서도 일어나고 있음을 알게 된 것이다.

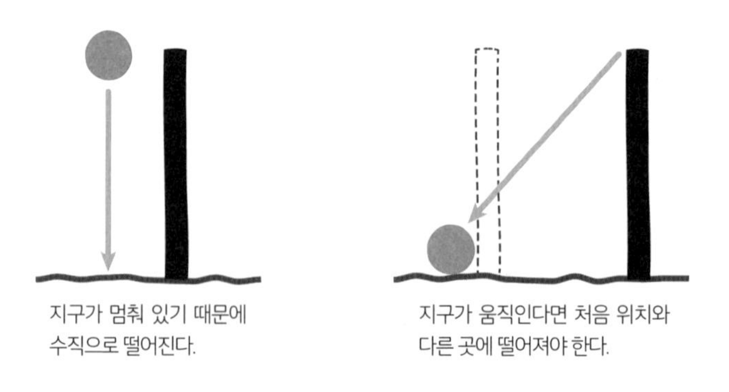


**돛대 위에서 공을 떨어뜨리면?**

### 갈릴레이의 상대성 원리

이러한 사실을 통해 갈릴레이는 '**정지해 있든 일정 속도로 움직이든 그곳에서 일어나는 물체의 운동에는 차이가 없다**'고 생각했다. 이 실험에 따르면 가령 지구가 움직이고 있다고 해도 지상에서 던진 공은 제자리로 돌아온다. 이를 '**갈릴레이의 상대성원리**'라고 한다. 하지만 갈릴레이는 교회에 회부되어 지동설을 철회할 것을 강요당했다. 이때 갈릴레이가 남긴 "그래도 지구는 돈다"라는 말은 너무도 유명하다.

## 등속 직선 운동에서는 어떤 일이 벌어질까?

갈릴레이의 실험에 등장한 범선은 미끄러지듯 잔잔한 파도를 가르며 항해하고 있었다. 이때 범선은 방향을 바꾸지 않고 속도도 일정했다. 이러한 운동을 '등속 직선 운동'이라고 한다.

### 가속 운동 시 물체의 이동

이번에는 전철 안에서 공을 수직으로 던져 올려보자. 만약 전철이 감속도 가속도 하지 않고(등속 운동 상태) 모퉁이를 돌지도 않는(직선 운동 상태)다면, 던진 공은 다시 제자리로 돌아온다. 이는 전철 밖, 즉 정지 상태에서 공을 던질 때와 같은 결과다.

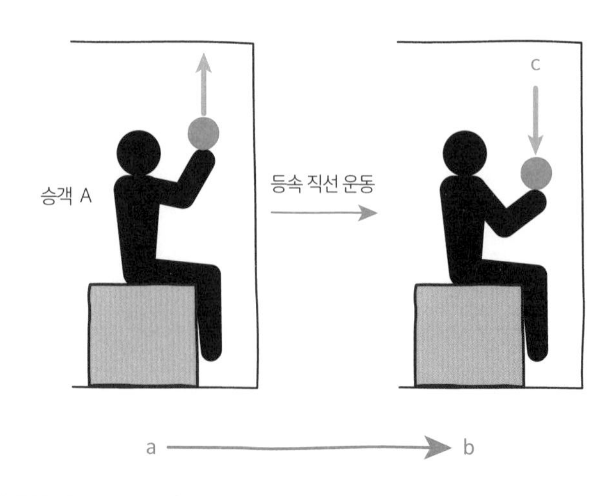


등속 직선 운동 상태에서 공을 위로 던진다

그럼 전철이 한창 속도를 내는 도중에 공을 위로 던지면 어떻게 될까? 예를 들어 전철은 출발 직후 차체와 승객을 앞으로 밀어내고자 에너지를 사용하기 때문에 승객은 계속 앞으로 밀린다. 그러나 위로 던진 공에는 출발 직후 가해진 '앞으로 밀어내는 힘'이 전해지지 않는다. 그래서 공은 앞으로 나아가지 않고, 결과적으로 던져 올린 사람의 뒤쪽에 낙하한다. 전철이 모퉁이를 돌 때도 마찬가지다. 던진 원래 위치에 떨어지지 않는다.

### 등속 직선 운동 시 물체의 이동

등속 직선 운동 중인 전철 안에서 승객 A가 수직 방향으로 던져 올린 공은 높이 c까지 상승한 뒤 다시 A의 손으로 되돌아온다. 이때의 궤적에 대해 생각해보자.

A 입장에서 보면 던진 물체가 그대로 다시 돌아온 것이므로 공은

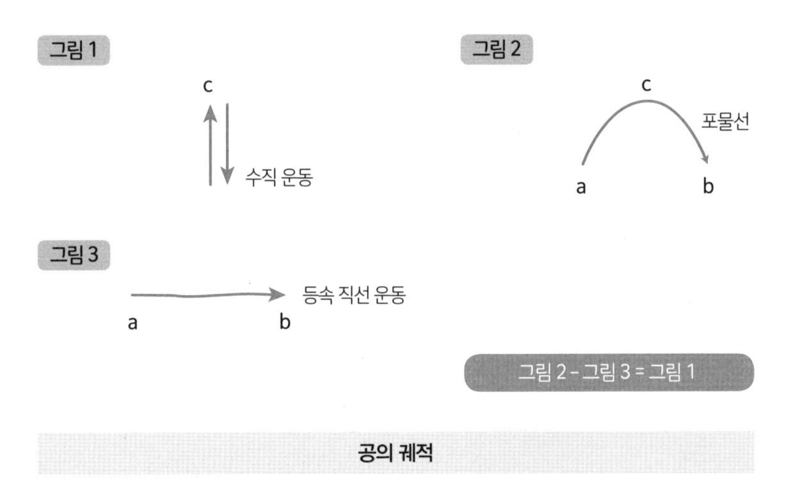


공의 궤적

수직으로 상하 운동을 했을 뿐이다. 당연히 공의 궤적은 **그림 1**과 같다. 그런데 이 모습을 역 플랫폼에 서 있는 B가 보면 어떨까? 공을 던져 올린 뒤 공이 다시 돌아오는 동안 A는 a에서 b로 이동했다. 또 a 지점에서 던져 올린 공이 A의 손에 돌아왔다는 것은 공도 마찬가지로 a에서 b로 움직였음을 의미한다.

즉 공은 a에서 b를 향해 포물선(**그림 2**)을 그리며 이동한 것이다.

이는 '등속 직선 운동을 하고 있는 물체의 운동(그림 2)에서 등속 직선 운동의 분량(**그림 3**)을 빼면, 정지 상태에서의 운동과 같아진다(그림 1)'는 사실을 보여준다.

즉 등속 직선 운동 상태에서는 '모든 물리 법칙이 정지 상태와 똑같이 성립'한다. 이 법칙은 일상생활에서도 경험할 수 있는 것으로 상대성원리의 기본 중의 기본이 되는 이론이다.

## 가속도가 작용하면 물체는 어떻게 될까?

가속도가 작용하지 않을 때 물체의 운동은 앞에서 살펴본 바와 같다. 그렇다면 가속도가 작용하면 어떻게 될까?

특정 사물과 현상을 '어떤 입장에서 바라볼까?' 하는 시점을 가리켜 '**계**(系)'라고 한다. 계는 가속도가 작용하지 않는 상태인 '**관성계**'와 가속도가 작용하는 상태인 '**가속도계**'로 나누어 생각할 수 있다.

### 관성계

관성계는 '정지 상태' 및 '등속 직선 운동'을 하는 물체, 또는 '그곳에서 보이는 세계'를 가리킨다. 특히 정지해 있는 계에 대해서는 독자적으로 '**정지계**'라고 말하기도 한다.

정지계는 말 그대로 "움직이지 않는 '계'"다. 멈춰 있는 전철, 그리고 그 안에서 보이는 세계 등이 여기에 해당한다. 이에 반해 "등속 직선 운동을 하고 있는 '계'"는 움직이기 시작한 전철이 일정 속도에 다다른 후 그 속도를 유지한 채 직선 운동을 하는 상태, 또는 그 전철에서 보이는 세계를 말한다. 이를 모두 합쳐 '관성계'라고 한다.

## 가속도계

한편 전철이 속도를 바꾸거나 모퉁이를 돌 때는 등속 직선 운동 상태가 깨지므로 전철에는 관성계가 작용하지 않게 된다. 대신 관성계와 짝을 이루는 '가속도계' 또는 '비관성계'가 발생한다. 가속도계란 한창 속도를 바꾸고 있는 전철 또는 그 전철에서 보이는 세계를 말한다. 또 진행 방향을 바꾸는 것도 가속에 해당한다. 즉 모퉁이를 돌 때의 '계'도 가속도계다.

한편, **가속도계라도 '속도 변화' 또는 '방향 변화가 멈춘' 경우 그 순간의 움직임은 '관성계'로 분류된다.**

또 가속도계 상태에 있는 물체에는 힘 F가 가해진다. 물체의 질량을 m, 가속도를 α라 하고 힘을 식으로 나타내면 다음과 같다.

$$F = m\alpha$$ [1]

## 등가 원리

천체(우주)에 있는 질량이 m인 물체는 천체 중력가속도 g의 영향을 받는, 'E = gm'[2]이라는 식으로 산출할 수 있는 힘을 받는다. 이 힘을 특히 '중량'이라고 하며 기호 G로 표시한다. 즉 앞의 식을 다음과 같이 바꿀 수도 있다.

---

1 힘 F는 질량 m에 비례하고, 가속도 α는 힘 F에 비례하며, 질량에 반비례한다.

2 E는 에너지양을 가리킨다.

$$G = gm$$[3]

아인슈타인은 천체의 중력으로 생기는 힘 G와 가속도로 생기는 힘 F를 **"실험을 통해 원리적으로 구별할 수 없다면 양쪽이 같다고 하자"**고 주장했는데 이를 **'등가 원리'**라고 한다.

등가 원리 덕분에 천체의 중력계를 지상에서 실험 가능한 가속도계로 바꾸어 생각할 수 있게 되었다. 아인슈타인은 또 "중력계에 속한 물체든 가속도계에 속한 물체든 모든 물체에서 자연의 법칙은 똑같이 성립한다"고 생각했다. 이것이 '일반상대성이론'의 기본 개념이다.

이와 같이 매우 알기 쉬운 원리를 음미하며 의미를 발전시켜나가다 보면 '상식으로는 이해할 수 없는' 장대한 현상이 그 모습을 드러낸다. 구체적으로 어떠한 모습인지 다음 장에서 자세히 살펴보자.

---

3 중량 G는 중력가속도 g와 질량 m에 비례한다.

## 제 3 장

# 광속 불변의 원리

## '빛'이란 무엇일까?

우주를 연구하는 상대성이론과 전자와 원자를 연구하는 양자이론은 현대과학을 이끄는 양대 이론이다. 이 두 이론 모두에서 중요한 역할을 하는 존재가 바로 '빛'이다.

### 빛이란?

**빛은 전파 등과 마찬가지로 '전자기파'라는 파동이다.** 전자기파의 파동의 길이(파장)는 1m의 수백억분의 1 수준의 매우 짧은 것부터 수 km 또는 그 이상의 것까지 다양하다. 이 가운데 사람의 눈에 보이는 부분은 400~800nm(1nm는 1m의 10억분의 1)의 파장을 가진 전자기파뿐

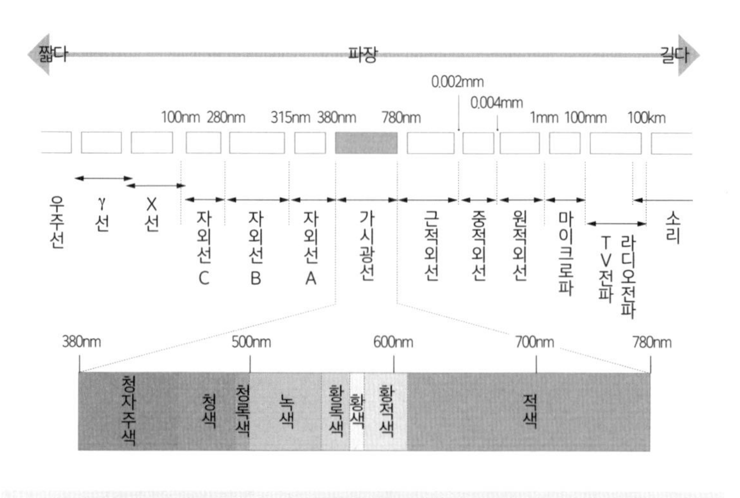


빛의 성분

이다. 이 범위 안에 있는 전파를 일반적으로 '빛'이라 부른다.

또 태양에서 온 빛을 '백색광'이라고 하는데 마치 색이 없는 것처럼 보인다. 그러나 프리즘으로 백색광을 분광하면 소위 일곱 가지 무지개 색[1]으로 갈라진다. 이 일곱 가지 색이 빛의 성분이다.

또 빛에는 에너지(E)가 있는데

$$E = h\nu = ch/\lambda$$

라는 식을 이용해 크기를 계산할 수 있다. 위 식에서 ν(뉴)는 진동수, λ(람다)는 파장, c는 광속, h는 '플랑크 상수'를 가리킨다.

**플랑크 상수**는 광자가 가진 에너지와 진동수의 비례 관계를 나타내는 비례 상수로, 양자론을 특징짓는 물리 상수이기도 하다. 명칭은 양자역학 창시자 중 한 명인 막스 플랑크[2]의 이름에서 따왔다. '작용 양자'라 부르기도 한다.

## 빛의 성분

백색광을 프리즘으로 분류하면 빨간색, 주황색, 노란색, 초록색, 파란색, 남색, 자주색 등 친숙한 일곱 가지 무지개 색으로 나뉜다. 파장

---

1 무지개가 일곱 색깔로 이루어져 있다는 생각은 한국인의 독특한 사고다. 어떤 색으로 구성되었다고 보는지는 민족에 따라 다르다.

2 막스 카를 에른스트 루트비히 플랑크(1858~1947년) 독일의 물리학자. 흑체(모든 주파수의 전자기파를 흡수해 재방사하는 가상적 물체)에서 나오는 방사 현상을 설명하는 '플랑크 법칙'을 발견하고 여기에서 'E = hν'라는 에너지 양자 가설을 도출했다. 이 가설로 양자론 창시자 중 한 명이 되었으며 공로를 인정받아 1918년에 노벨 물리학상을 받았다.

이 긴 순서대로 나열되어 있는데, 빨간색이 가장 길고 자주색이 가장 짧다. 또 빛은 파장이 짧을수록 에너지가 커지기 때문에 백색광에서 에너지가 가장 큰 빛은 자주색 빛이다.

자주색 빛보다 파장이 더 짧은 전자기파를 '자외선'과 'X선'이라고 부른다. 바깥에서 오랫동안 자외선을 쬈을 때 피부가 벗겨지는 등의 피부 트러블이 생기는 이유도 에너지가 높아서다.

한편 빨간색보다 파장이 더 긴 전자기파를 '적외선'이라고 한다. 적외선은 눈에 보이지는 않지만 피부가 열을 감지한다. 그래서 적외선을 '열선'이라 부르기도 한다. 한편 상대성이론은 '빛의 속도', 양자이론은 주로 '빛의 에너지'가 논의 대상이다.

# 빛의 속도는 항상 같을까?

상대성이론에는 '빛의 속도는 세상에서 가장 빠르고, 그 속도는 결코 변하지 않는다'는 대전제가 있다. 과연 사실일까?

## 광속은 변한다

결론부터 말하자면 **빛의 속도는 변한다**. 빛은 진공 상태에서 초속 30만 km, 즉 1초 동안 지구를 일곱 바퀴 반 돌 수 있는 속도로 날아간다. 그런데 공기 중에서는 진공일 때의 99.97%로 속도가 느려진다. 또 물속에서는 75%, 다이아몬드 안에서는 무려 절반 이하인 41%까지 속도가 느려진다.

## 상대성이론의 주장

상대성이론 발표 당시 빛에 대해 알려진 사실은 '모든 사물 중 가장 빠르다.' '빛의 속도는 진공 상태에서 초속 30만 km지만 물질 안에서는 속도가 변한다.' 정도였다. '관측자나 발광체의 속도와 관계없이 항상 일정'할 것이라고는 상상조차 못했다. 관측 데이터도 없었기 때문에 이 논리는 상식을 정면으로 거스르는 주장이었다.

## '광속 불변'의 의미

상대성이론의 주장을 야구를 예로 들어 생각해보자.

투수가 시속 150km의 공을 던지면, 그 공은 정지해 있는 타자를 향해 시속 150km로 접근한다. 그런데 만약 타자가 투수를 향해 시속 20km로 뛰기 시작했다면 '타자에 대한' 공의 속도는 150km + 20km = 170km가 된다.

이번에는 반대로 마운드에서 타석을 향해 시속 50km로 달리는 차 안에서 투수가 던진 공을 볼 경우, '자동차 안에서 본' 공의 속도는 150km − 50km = 100km가 된다. 이것이 우리가 생각하는 상식이다. 다시 말해 물체의 속도는 조건에 따라 빨라지기도 하고 느려지기도 한다.

그런데 **상대성이론에서는 관측자가 빛을 향해 이동하든 광원이 관측자를 향해 이동하든 속도는 변함없이 초속 30만 km 그대로라고 주장한다.**

이 기묘한 주장은 이후 사실로 밝혀졌다. 1964년에 광속의 99.975%, 거의 광속에 가까운 속도로 운동하는 'π(파이)중간자'[1]에서 나오는 빛의 속도를 측정하는 실험을 했는데, 놀랍게도 실험으로 측정된 빛의 속도는 역시 초속 30만 km였다.

상식적으로 생각하면 최대 30만 + 30만 = 60만 km/초, 또는 30만 − 30만 = 정지, 아니면 그 중간이 되어야 맞다. 그러나 실제 빛의

1 원자핵 구성 입자인 '핵자'를 결합하는 힘, 즉 '핵력'을 매개하는 소립자의 한 종류. 당시 일본 오사카 대학 강사였던 유카와 히데키가 π중간자의 존재를 중간자론에서 예측했다. 예측한 대로 1947년에 '전하 π중간자', 1950년에 '중성 π중간자'가 발견되었다. 이 업적을 인정받아 1949년 유카와는 일본인 최초로 노벨 물리학상을 받았다.

속도는 초속 30만 km에서 변하지 않았던 것이다. 빛의 속도는 관측 조건에 좌우되지 않고 어떤 경우든 초속 30만 km라는 사실이 증명된 셈이다.

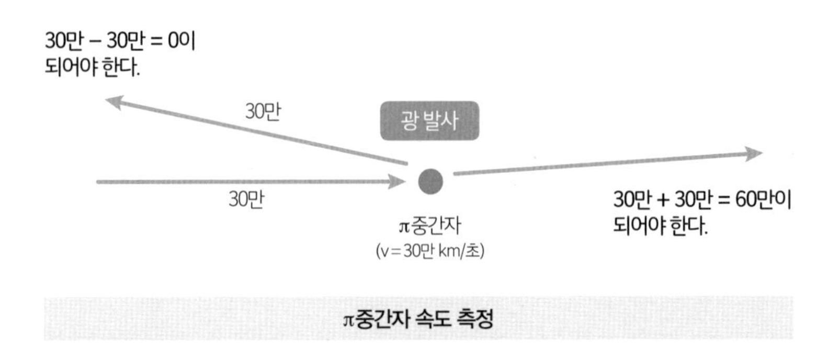


π중간자 속도 측정

## 03

## 빛을 전하는 물질은 무엇일까?

앞서 기술한 대로 빛은 '전자기파'로 분류되는 파동이다. 이 사실은 19세기 과학자들 사이에서 널리 퍼져 있었다.

### 매질로서의 에테르

파동에는 그 파동을 매개하는 물질이 필요하다. 수면의 파도를 매개하는 물질은 물이다. 소리는 공기라는 매질이 있기에 초속 340m의 속도로 날아갈 수 있다. 그렇다면 빛을 매개하는 물질은 무엇일까? 당시 과학자들은 '에테르'라고 믿었다. 태양빛이 지구에 도달할 수 있는 것도 태양과 지구 사이에 **에테르**라는 물질이 존재하고 있어서라고 생각했다. 하지만 "에테르는 어떤 물질일까?"라는 질문에 답할 수 있는 과학자는 아무도 없었다.

### 마이컬슨·몰리 실험

미국의 과학자 앨버트 마이컬슨[1]과 에드워드 몰리[2]는 에테르에 관한 의문을 풀고자 힘썼다. 1887년 두 사람은 후에 '마이컬슨·몰리 실

1 앨버트 에이브러햄 마이컬슨(1852~1931년) 미국의 물리학자, 해군 사관. 광속도와 에테르를 연구했다.

2 에드워드 윌리엄스 몰리(1838~1923년) 미국의 물리학자, 마이컬슨과 마이컬슨·몰리 실험을 했으며 대기의 산소 성분, 열 확산, 자기장 속 광속을 연구했다.

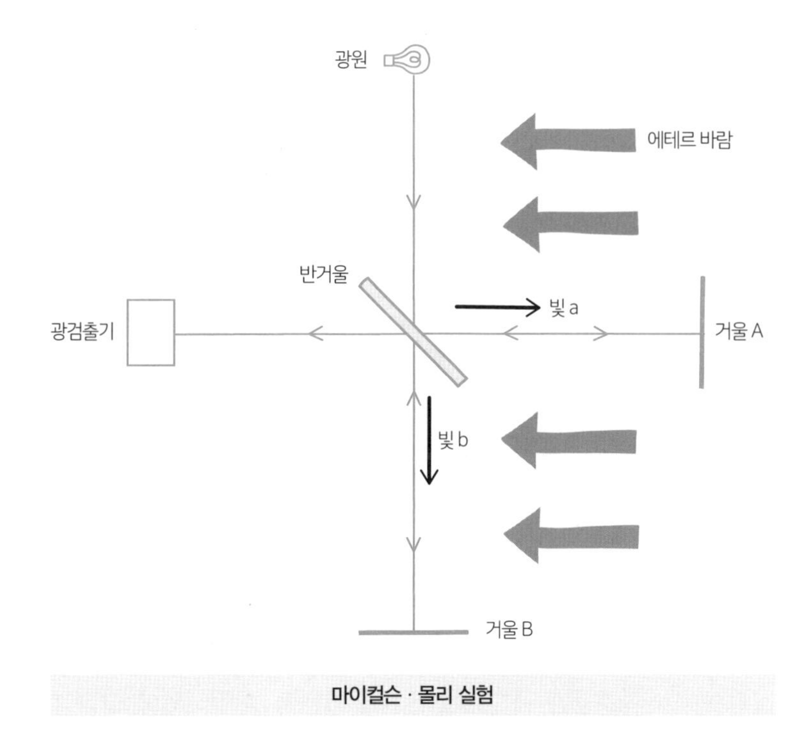

마이컬슨 · 몰리 실험

험'이라 불리게 되는 유명한 실험에 착수했다. 실험 장치의 모습은 위 그림과 같다.

광원에서 나온 빛은 그림 중앙에 있는 반거울에 부딪힌다. 부딪힌 빛 중 절반(빛 a)은 반사되어 거울 A에 부딪히고, 거기에서 다시 반사되어 광검출기에 도착한다. 이 경로를 '경로 A'라고 하자.

앨버트 마이컬슨

한편 처음에 반사되지 않고 반거울을 통과한 나머지 절반의 빛(빛 b)은 그대로 직진해 거울 B에 반사되었다가 다시 반거울에 반사되어 광검출기에 도착한다. 이 경로를 '경로 B'라고 하자.

에드워드 몰리

만약 에테르가 존재하고 '바람 방향'이 그림과 같다면, 경로 A를 지나는 빛 a는 갈 때는 '역풍', 돌아올 때는 '순풍'을 맞게 되므로 에테르의 영향은 상쇄된다. 그러나 빛 b는 왕복 모두 '옆에서 불어오는 바람'을 맞는다. 따라서 빛 a와 b의 속도에 차이가 발생해 간섭이 생기고, 광검출기 도달 시간에도 차이가 날 것이라고 예측했다.

그러나 몇 번을 실험해도 양쪽 빛이 도착하는 시간은 같았다. 이 실험으로 과학자들은 에테르의 존재에 의문을 품게 되었다. 그리고 마침내 **아인슈타인에 의해 에테르는 완전히 부정되었다.**

마이컬슨은 이 실험으로 1907년에 노벨 물리학상을 받았다. 과학 부문에서 미국인 최초의 노벨상 수상이었다.

# 04

## 빛의 속도는 어떻게 측정했을까?

빛의 속도는 초속 30만 km다. 1초 동안 지구를 일곱 바퀴 반이나 도는, 믿을 수 없는 속도다. 도대체 이렇게 빠른 빛의 속도를 어떻게 측정할 수 있었을까?

### 광속 측정

빛의 정체는 오랫동안 수수께끼였다. '빛은 입자'라는 설과 '빛은 파동'이라는 학설이 대립하고 있었을 뿐 아니라 빛의 속도도 문제였다. 빛의 속도는 측정 불가능하다고 여겨졌고, 그 결과 '속도 무한대'라는 생각이 널리 퍼져 있었다.

올레 뢰머

빛의 속도 문제에 마침표를 찍은 학자는 덴마크의 천문학자 올레 크리스텐센 뢰머[1]였다. 1676년 뢰머는 빛의 속도가 유한하다는 사실을 입증했으며, 나아가 대략의 속도까지 측정하는 데 성공했다.

---

1 올레 크리스텐센 뢰머(1644~1710년) 덴마크의 천문학자. 1676년 처음으로 광속을 정량적으로 측정했다. 또 '물의 끓는점과 녹는점' 2개 정점 사이의 온도를 나타낸 현대적인 온도계를 발명했다.

## 목성 위성의 운동

뢰머는 빛의 속도를 둘러싼 수수께끼를 풀기 위해 천체 운동, 특히 목성의 위성 중 하나인 '이오'의 움직임을 이용했다.

이오는 월식, 일식과 마찬가지로 목성이 이오와 지구 사이에 들어가 이오를 가리는 '개기식'을 일으킨다고 알려져 있었다. 뢰머는 매 계절마다 개기식이 시작되는 시간을 재보았는데, 그 결과 시작 시각이 태양 주위를 공전하는 지구의 위치에 따라 다르다는 사실을 발견할 수 있었다.

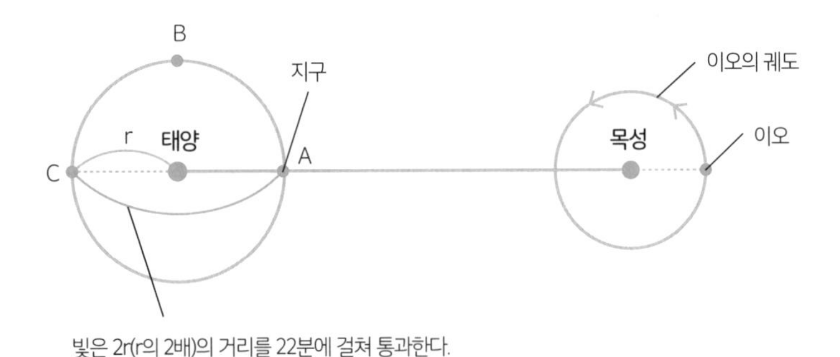


**이오의 개기식 시작 시간은 계절마다 다르다**

지구가 위치 B에 있었던 계절을 기준으로 하면, B에서 1/4바퀴 떨어진 A에서는 개기식이 11분 빨리 시작되고, 반대 방향으로 1/4바퀴 떨어진 C에서는 11분 늦게 시작했다.

뢰머는 이 현상이 '개기식이 시작된 순간의 빛이 지구에 도착하는 데 시간 차이가 발생하기 때문'이라고 생각했다. 즉 A지점과 C지점의 시간 격차 11 + 11 = 22분은 빛이 A에서 C로 이동하는 데 필요한 시간이라고 생각한 것이다. 이처럼 생각하면 나머지는 단순한 계산 문제에 불과하다.

당시 이미 지구의 공전 궤도 반경이 밝혀진 상태였기 때문에 이를 토대로 뢰머는 빛의 속도를 '초속 21만 km'라고 계산했다.

### 뢰머 관측의 의의

뢰머가 관측한 빛의 속도는 정확한 값(초속 30만 km)과 비교하면 꽤 차이가 난다. 그러나 이는 뢰머 탓이 아니라 당시 정확하다고 믿었던 지구의 공전 궤도 반경 값이 상당히 작았기 때문이다.

이 실험은 당시 '무한대'라고 믿었던 빛의 속도가 유한하다는 사실을 합리적으로 밝혔다는 데 의의가 있다. 뢰머의 실험은 인류 과학사에 남는 위대한 발견이라 할 수 있다.

# 05 빛보다 빠른 물질이 존재할까?

상대성이론에서는 '질량은 속도와 함께 커지다 빛의 속도에 이르면 무한대가 된다'고 주장한다. 다시 말해 '광속을 넘는 속도는 존재하지 않는다'는 말이다. 과연 사실일까?

## 중대 발표

2011년 9월 일본의 나고야 대학, 고베 대학, 유럽 국제연구실험그룹 등으로 구성된 공동 연구팀이 중대 발표를 했다. TV 뉴스에서 흘러나오는 이 소식을 많은 시청자가 침을 삼키며 지켜보았다.

뉴스에서는 아인슈타인의 상대성이론을 뒤집는 '빛보다 빨리 비행하는 소립자'가 '발견되었을 가능성이 있다'고 보도했다. "광자가 30만 km를 나아가는 동안(1초간), 이보다 7.4km 더 빨리 가는 소립자가 있다"는 것이 공동 연구팀의 주장이었다.

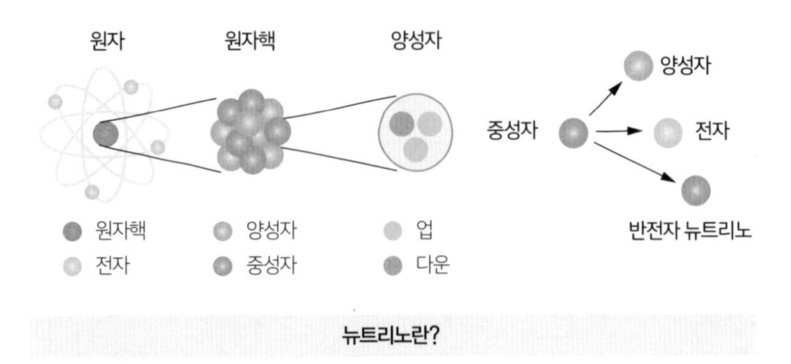


뉴트리노란?

## 뉴트리노

빛보다 빠르다고 여겨진 입자는 '**뉴트리노**'라고 하는, 물리학계에서는 유명한 소립자다. 뉴트리노는 원자핵 반응에서 중성자가 양성자와 β선(전자)으로 분해할 때 발생한다. 일본 기후현의 가미오카 광산 지하에는 '가미오칸데'[1]라는 일본이 세계에 자랑하는 뉴트리노 관측 시설이 있는데, 가미오칸데에서의 연구 성과를 토대로 2002년에 고시바 마사토시, 2015년에 가지타 다카아키가 노벨 물리학상을 수상했다.

연구팀의 실험 결과가 사실일 경우 전 세계 과학계에 미칠 영향은 가늠하기 어려울 정도였다. 그만큼 발표는 신중하게 이루어졌다. 이 뉴스가 나간 뒤 많은 사람이 '이 사실에 물리학계가 어떻게 반응할지' 주목하며 지켜보았다.

그러나 실험 장치 등을 면밀히 검증한 결과 유감스럽게도 이 결과는 '광속과 실험 오차 범위 안에서 똑같다'고 밝혀졌고 발표는 철회되었다.

## 타키온

비행 속도가 빠른 소립자로는 '**타키온**'이 유명하다. '최고 속도, 최저 속도 모두 빛보다 빠르다'는 게 특징이며, 타키온이라는 이름도 '빠르다'라는 의미의 그리스어 '타키스'에서 따왔다. 그러나 아쉽게도 아직 발견된 적이 없어 실재 여부는 불확실하다.

---

1 제10장-2 '일본에서 별 폭발을 관측했다고?' 참고

의외로 빛보다 빠를 가능성이 있는 입자는 **광자**다. 최근 '대부분의 광자는 집단으로 비행한다'는 학설이 대두했다. 이 학설은 '일반적으로 알려진 광자의 속도는 집단의 평균 속도인데, 집단 안에서 종종 선두를 달리는 입자가 있다. 선두 입자의 속도는 (평균) 광속보다 빠르다'고 주장한다.

또 '물질의 비행 속도가 아닌 이동 속도로 나타내면' 또는 '공간을 구부려 이동하는 워프 항법이면' 광속보다 빨라진다는 학설도 있다. 그러나 이 학설이 사실이라고 해도 "입자가 워프 항법으로 이동한다면 이것은 속도가 아니지 않을까?" 하는 새로운 문제가 발생한다. 빛의 속도를 둘러싼 문제는 지금도 진행 중이다.

여기서 주의할 점은 **'광속은 최고 속도'라는 상대성이론의 대전제는 결코 '분명한 사실'이 아니라는 점이다.** 상대성이론은 아직 검증 단계에 있다. 이 검증 과정을 통해 '다음 세대의 대이론'이 나오리라 기대한다.

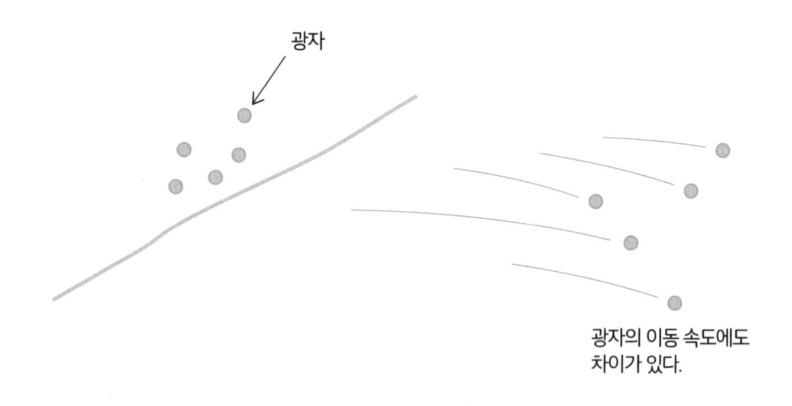


**광자를 경주시켜보면?**

# 제 4 장

# 광속에서의 시간 지연

01

## 시간의 속도는 모두 같을까?

상대성이론이라고 하면 '우주여행을 하면 나이를 먹지 않는다'와 같은 신기한 현상이 떠오르지만 이는 상대성이론이라는 테두리 안에서 생각하면 당연한 일이다.

단, 상대성이론은 '광속'이라는 현실과 동떨어진 조건에서만 의미가 있기 때문에 '일상에서 이런 일이 일어나면 어떻게 하지?'라는 생각은 접어도 된다. 이번 장에서는 상대성이론이라는 테두리 안에서 상상할 수 있는 불가사의한 현상을 사고실험[1]을 통해 살펴보자.

### '동시'란?

제2장에서 언급한 것처럼 등속 직선 운동을 하는 전철 안에서 공을 똑바로 던져 올린 경우 전철에 동승한 승객에게는 공이 그저 수직 상하 운동을 한 것처럼 보인다. 그러나 전철 밖에 있는 사람의 눈에는 공이 포물선 운동을 한 것처럼 보인다. 이처럼 물체의 운동은 보는 사람의 위치에 따라 변한다. 시간에서도 같은 현상이 일어난다.

그림의 우주선은 광속에 가까운 일정 속도로 왼쪽에서 오른쪽으

1 머릿속으로 상상하며 하는 실험. 과학의 기초 원리에 반하지 않는 범위 안에서 '마찰이 없는 운동' '수차가 없는 렌즈' 등 극도로 단순·이상화된 전제 조건 안에서 생각한다. 아인슈타인은 열여섯살 때쯤 '빛을 좇아가는 나'를 머릿속으로 그리는 사고실험을 시작했고, 그 후 상대성이론으로 연결되었다.

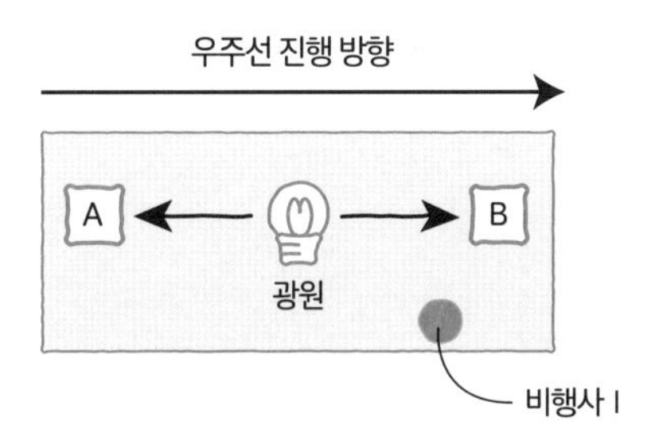


우주선 안에 다음과 같은 실험 장치를 설치한다

로 이동 중이다. 우주선 안에 다음과 같은 실험 장치를 설치했다.

장치의 구조는 위와 같다. 먼저 중앙에 광원을 두고 그 좌우 등거리에 A(왼쪽), B(오른쪽) 두 대의 광검출기를 설치한다. 광검출기에 빛이 들어가면 검출기는 즉시 발광을 해서 광원에서 나온 빛이 도달했음을 주위에 알린다.

이 장치의 움직임을 우주선 안에 있는 우주비행사 I이 관측했다고 치자. 빛은 어떠한 경우에도 같은 속도로 움직이므로 빛은 광검출기 A, B에 동시에 도달한다. 당연히 A와 B는 동시에 빛난다.

## 동시성의 상대성

위 실험은 우주선 안에서 빛이 발사되어 도착하는 모습을 우주선에 타고 있는 비행사가 본 것이다. 이번에는 같은 실험을 우주선 밖 움직이지 않는 곳에 서 있는 우주비행사 II가 본 경우를 생각해보자. 앞서 기술한, 전철 밖 플랫폼에 서서 전철 안에서 던져 올린 공을 보고 있을 때와 같은 상황이다.

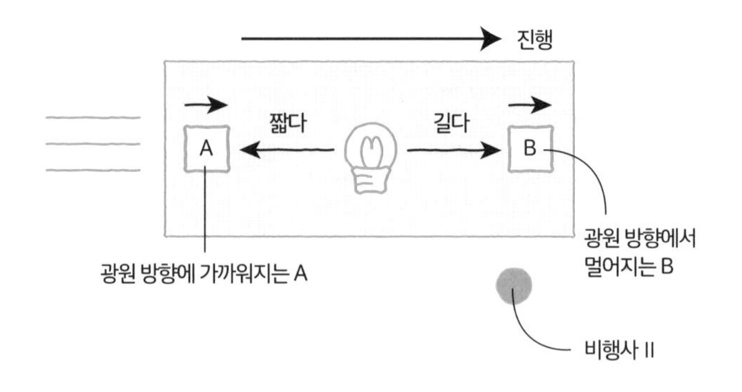


**우주선 밖에서 실험을 관찰한다**

이때 우주선, 즉 실험 장치는 왼쪽에서 오른쪽으로 이동 중이다. 그리고 광원에서 나온 빛은 좌우 양쪽 방향으로 똑같은 속도로 날아간다. 광검출기 A는 광원을 향해 이동하고 광검출기 B는 광원 방향에서 멀어지고 있다.

그렇다면 광원에서 나온 빛은 어떻게 될까? 생각할 필요도 없이 광검출기 A에 먼저 도착한다. 즉 **우주선 안에 있던 비행사 I에게는 '동시'였던 광검출기의 발광이 밖에 있던 비행사 II에게는 동시적이지 않다.** 굳이 이해하기 어려운 말로 표현해보자면, 비행사 I과 II는 각각 '별개의 시간' 아래 있다고 해도 무관하다. 이 현상을 상대성이론에서는 **'동시성의 상대성'**이라고 한다.

# 광속으로 이동하면 나이를 천천히 먹을까?

이 의문은 상대성이론의 유명한 명제 중 하나로 '광속으로 이동하는 우주선에 탄 비행사는 나이를 천천히 먹는다'는 내용이다.

## 쌍둥이 역설

함께 30세가 되는 동급생 두 명이 있다. 이 중 한 명은 우주비행사가 되어서 광속으로 날아가는 우주선을 타고 30년 동안 비행을 했다. 30년 후 임무를 마치고 지구에 돌아와 보니 비행사는 48세밖에 되지 않았고, 지구에 남아 있던 동급생은 60세가 되었다는, 옛날 전래동화 속에나 나올 법한 이야기가 있다.

그런데 이 이야기는 상대성이론에 비추어 보면 합리적인 귀결이다. 왜 그럴까?

예를 들어보자. '빛의 절반 속도로 날아가는 우주선을 지구 위에서 보고 있다'고 치자. 이때 우주선에 탄 비행사가 그곳에서 30만 km 떨어진 거울에 빛을 발사했더니 그 빛이 반사되어 돌아오는 시간이 2초였다.

다음으로 지구에서 높이 30만 km 위치에 거울을 설치하고 우주선 안에서와 동일한 실험을 했다. 빛의 속도는 불변이므로 빛이 거울에 반사되어 돌아오는 데는 우주선과 마찬가지로 2초가 걸린다.

## 지구 위에서의 실험

그런데 우주선 안에서 실시한 실험을 지구에서 관찰하면 어떻게 될까? 이 경우, 앞서 살펴본 '등속 직선 운동' 중인 전철 안에서 던져 올린 공의 움직임과 같아진다.

우주선 안에서 비행사가 빛을 발사한 지점을 a라고 하면, 그 반사광을 받을 때 비행사는 이미 지점 b까지 이동했다. 이 사실은 우주선 안의 빛은 지점 a에서 지점 a로 돌아오지 않고, a에서 30만 km 떨어진 거울로 갔다가 거기서 지점 b로 갔음을 의미한다. 이때 a에서 거울까지의 거리는 30만 km보다 길고, 마찬가지로 거울에서 b까지의 거리도 30만 km보다 길어진다. 즉 우주선 안의 빛은 왕복 60만 km 이상의 거리를 이동한 셈이다.

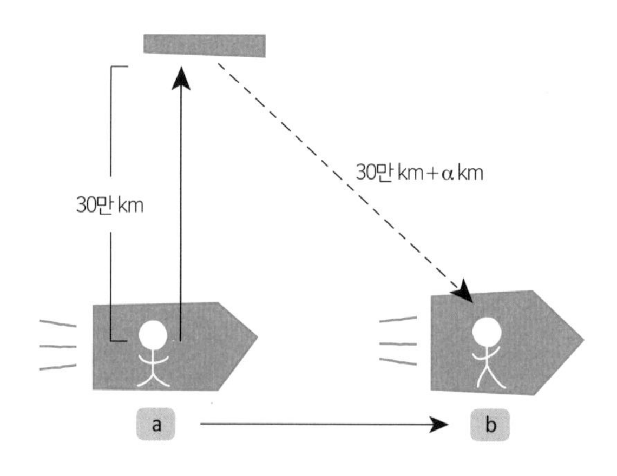


빛의 왕복 거리는 길어진다

## 광속으로 이동할 때 시간은 얼마나 느려질까?

앞에 소개한 내용을 조금 더 깊이 생각해보면 지구상에서의 1년이 우주선 안에서는 7개월 정도에 불과하다는 의외의 사실을 알 수 있다.

### 시간 지연

앞의 실험에서 같은 2초라는 시간 동안 빛은 지구상에서는 60만 km, 우주선 안에서는 이보다 긴 거리를 이동했다. 빛의 속도는 '진공 상태일 때 어디서나 같다'는 대전제가 있기 때문에 이는 '**우주선 안에서는 지구보다 시간이 천천히 흐른다**'는 말이 된다. 우주선 안의 2초는 지구에서의 2초보다 긴 것이다.

단, 이 같은 현상은 우주선이 광속에 가까운 엄청나게 빠른 속도로 움직이고 있을 때에만 관측 가능하다. 따라서 일상생활에서 우리가 체험하는 수준의 '고속'에서는 관측망에 걸리지 않을 정도로 미미할 수밖에 없다.

### 시간 지연 계산하기

그렇다면 우주선의 시간은 얼마나 천천히 흐르는지 계산해보자. 여기서 사용하는 식은 중고등학교 때 배운 '**피타고라스의 정리**'다.

피타고라스의 정리는 직각삼각형의 '빗변의 길이의 제곱'은 다른 두 변의 '길이의 제곱의 합과 같다'는 것을 증명하는 공식이다.

식으로 나타내면

$$z^2 = x^2 + y^2$$

이다.

오른쪽 그림은 앞 절에서 소개한 실험 일러스트를 토대로 한 것이다. 지구의 1초에 대해 우주선의 속도를 v, 우주선 안의 1초를 T라고 하면 그림과 같은 직각삼각형을 그릴 수 있다.

밑변 x는 '지구에서 본 우주선이 시간 T 동안에 이동한 거리', 빗변 z는 '지구에서 본 우주선 안의 빛의 궤적', 변 y는 '광속 c(30만 km)'다. 이 식을 이용해 T를 구할 수 있다.

우주선의 속도를 광속의 80%, 즉 '0.8c'라고 하면 그림에 나타냈듯이 우주선 안의 1초가 '지구에서는 1.67초'이고, 반대로 '지구의 1초는 우주선 안에서는 0.6초'에 지나지 않는다. 햇수로 바꿔 말하면 지구상에서의 1년은 우주선 안에서는 0.6년, 즉 7개월 정도가 되는 셈이다.

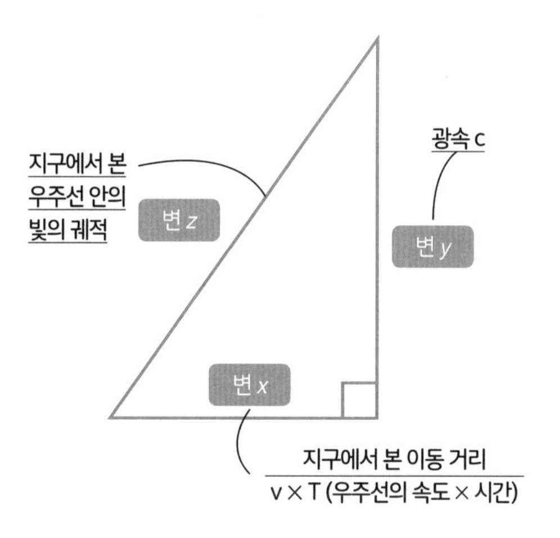


$$(cT)^2 = (vT)^2 + c^2$$

$$T^2(c^2 - v^2) = c^2$$

$$T = \frac{c}{\sqrt{c^2 - v^2}}$$

$v = 0.8c$**라고 하면**

$$T = \frac{c}{\sqrt{c^2 - 0.64c^2}} = \frac{c^2}{0.36c^2}$$

$$= \frac{1}{0.6} = 1.67$$

**피타고라스의 정리를 이용한 시간 지연 계산식**

# 04 시간이 얼마나 느린지를 나타내는 지표가 있을까?

우주선 안에서의 시간은 정지계(지구)보다 얼마나 천천히 흐를까? 이를 나타낸 지표로 로런츠라는 물리학자가 주장한 '로런츠 인자'가 있다.

## 로런츠[1] 인자

예를 들어 **'로런츠 인자 = 2'라는 표기는 '우주선 안의 시간은 지구(정지계) 위 시간보다 2배 천천히 흐른다'는 의미다.** 이때 지구에서의 2초가 우주선 안에서는 1초, 지구에서의 20년이 우주선 안에서는 10년에 해당한다.

우리가 평소 경험하는 속도에서 로런츠 인자는 거의 1이다. 즉 지구와의 시간 차이는 (거의) 없다.

## 광속 우주선에서의 시간

그러나 우주선의 속도가 빨라지면 양쪽 시간에 차이가 발생한다. **우주선의 속도가 광속의 0.9배에 달하면 로런츠 인자는 2.3까지 커진다.** 이 말은 즉 우주선 안에서의 20년이 지구 시간으로는 46년에 해당한다는 말

1 헨드릭 안톤 로런츠(1853~1928년) 네덜란드의 이론물리학자. '원자를 자기장 안에 두면 보통은 단일 스펙트럼 선이 복수로 분열한다'는 '제이만 효과'의 발견과 그 이론적 해석으로 피터르 제이만과 함께 1902년에 노벨 물리학상을 수상했다.

이다.

여기서 앞에서 든 예와 마찬가지로 30세가 되는 동급생 한 명은 지구에 남고, 나머지 한 명은 광속 80%로 비행하는 우주선에 탔다고 치자. 지구에 남은 쪽은 30 + 30 = 60세가 되지만 우주선에 탄 쪽은 30 + (30 × 0.6) = 48세밖에 되지 않는다. 지구에서 재회한다면 분명 깜짝 놀랄 것이다.

**속도에 대한 로런츠 인자값**

| 속도 V | 로런츠 인자 γ | 선내 시간 τ | 지구 시간 t |
|---|---|---|---|
| 0 | 1 | 1년 | 1년 |
| 0.1 | 1.005 | 1 | 1.005 |
| 0.2 | 1.021 | 1 | 1.021 |
| 0.3 | 1.048 | 1 | 1.048 |
| 0.4 | 1.091 | 1 | 1.091 |
| 0.5 | 1.155 | 1 | 1.155 |
| 0.6 | 1.250 | 1 | 1.250 |
| 0.7 | 1.400 | 1 | 1.400 |
| 0.8 | 1.667 | 1 | 1.667 |
| 0.9 | 2.294 | 1 | 2.294 |
| 0.99 | 7.089 | 1 | 7.089 |
| 0.999 | 22.366 | 1 | 22.366 |
| 0.9999 | 70.712 | 1 | 70.712 |
| 0.99999 | 223.61 | 1 | 223.61 |
| 0.999999 | 707.11 | 1 | 707.11 |

V: 광속에 대한 비율

## 시간 지연과 상대성이론의 관계는?

상대성이론은 '모든 것의 입장이 같다고 보고, 그 사이의 관계를 음미하는 이론'이다. 지구에서 보면 우주선이 움직이고 있지만, 우주선에서 보면 움직이고 있는 쪽은 지구인 것이다.

### 우주선도 지구도 등속 직선 운동을 하고 있다

두 물체가 동일하게 등속 직선 운동을 하고 있을 때 '두 물체 중 어느 쪽이 정지하고 있고, 어느 쪽이 운동하고 있는 것일까?' 하고 물을 수는 없다. 둘 다 똑같이 움직이고 있기 때문이다.

지금까지는 '지구가 정지해 있고, 우주선이 움직이고 있다'는 전제 아래 생각했지만 이를 뒤집어 '우주선이 정지해 있고, 지구가 움직이고 있다'는 전제에서도 생각할 수 있다. 그러면 지금까지의 논의는 정반대가 된다. 우주선에서 보면 지구 쪽 시간이 느린 것이 된다. 즉 '어느 쪽 시계든 상대방 시계에 대해 느리다'는 말은 모순이다.

### 별개 물체의 비교

이를테면 우주선 안에 있는 광원에서 빛이 발사되는 순간 지구와 우주선 안에 있는 두 사람이 동시에 스톱워치의 스위치를 누른다고 가정해보자. 우주선 안의 스톱워치가 1초를 가리킴과 동시에 우주선 안의 비행사가 지구의 스톱워치를 확인해보았다. 그랬더니 아직 1초가 지나지 않았다. 우주선에서 보면 지구의 시간이 느린 것이다. 한편 지구 위 관측자가 우주선 안의 스톱워치를 주시하고 있다가 스톱워치가 1초를 경과한 순간 자신의 스톱워치를 보았다면 1초가 이미 지난 상태였을 것이다. 즉 우주선 쪽 시간이 느린 것이다.

이것은 **우주비행사의 동시와 지구 위 관측자의 '동시'가 일치하지 않음**을 나타낸다. 결국 양쪽은 별개의 사물을 비교하고 있는 것이 된다. '상대방 시계가 느리게 간다'는 말은 양쪽 다 옳다. 시간이 느린 것은 서로 마찬가지인 셈이다.

# 06 쌍둥이 역설이 실제 일어났다고?

시간 지연 등을 다룰 때 반드시 등장하는 이론이 '쌍둥이 역설'이다. 이 이야기가 역설이 되는 결정적 이유는 쌍둥이 형제가 지구에서 다시 만났기 때문이다.

## 어느 쪽이 연장자?

쌍둥이 형제 A와 B가 있다고 하자. 형 A는 우주비행사가 되어 광속에 가까운 우주선을 타고 우주 탐험을 한 뒤 몇 년 만에 지구로 귀환했다. A는 광속으로 운동하고 있었기 때문에 지구보다 시간이 천천히 흘러 나이도 천천히 먹었다. 지구에서 기다리고 있던 동생 B와 대면한다면 B의 나이가 더 많을 것이다.

그런데 과연 정말 그럴까? 앞에서 살펴보았듯이 운동은 상대적이다. 우주선에서 보면 운동하고 있는 쪽은 지구다. 따라서 시간이 천천히 간 쪽은 지구, 더 젊어 보이는 쪽은 B가 되어야 한다. 이것이 **'쌍둥이 역설'**이다.

그러나 사실 이 이야기에는 함정이 있다. 바로 지구는 등속 직선 운동을 하고 있는 관성계라고 간주할 수 있는 반면, 우주선은 그렇지 않다는 점이다. 우주선은 앞으로 나갈 때 가속과 감속을 반복하기 때문에 도중에 속도 조절을 할 때는 관성계라 할 수 없다. 이러한 효과가 작용하기 때문에 '시간이 천천히 가는 쪽은 우주선'이 된다.

## 실제로 수명이 늘어났다고?

그러나 실제로 나이를 먹지 않고 장수하는 사례가 있다. 바로 '소립자'다. 우주에서 날아온 우주선(宇宙線)이 지구 대기의 원자핵과 충돌하면 '뮤온'이라는 소립자가 발생한다. 뮤온은 매우 불안정해서 정지 상태에서의 평균 수명은 2.2마이크로초다. 뮤온은 광속에 가까운 속도로 날지만 2.2마이크로초 동안 날아갈 수 있는 거리는 660m 정도에 불과하다. 그런데 고도 20km 정도의 고공에서 발생한 뮤온이 지상에 도달해 관측기에 기록되는 것이다. 이는 뮤온이 광속에 가까운 속도로 운동하는 동안 시간이 지연되어 수명이 30배 정도까지 늘어났음을 의미한다.

# 제 5 장

# 광속에서의 길이 수축

01

## 빛의 속도로 날면 우주선 길이가 줄어들까?

과학에는 열역학, 반응속도론, 소립자론 같은 어려운 이론이 많다. 그중에서도 상대성이론은 특히 어려운 분야로 취급된다. 왜 그럴까?

### 상대성이론과 상식

그 이유는 우리 주위의 일상적인 일들을 다루면서도 상식을 훨씬 뛰어넘는 현상을 예측하고 있어서가 아닐까? 우리는 평소 생활하면서 시계와 자를 사용한다. 그래서 뉴턴의 '절대 좌표'와 '절대 시간'이 감각적으로 몸에 배어 있다. 길이는 어디서 재든 같으며, 시간은 장소 불문하고 같은 속도로 흘러간다고 생각한다. 그러나 상대성이론에서는 '속도가 아주 빨라지면 시간이 느려진다'와 같이 상식에 위배된 이론을 예측한다. 그 결과 우리가 상대성이론에 거부 반응을 보이거나 '어렵다'고 느끼는 게 아닐까 싶다.

### 로런츠 수축

상대성이론 중 '시간 지연'과 마찬가지로 받아들이기 어려운 개념 중 하나가 **'로런츠 수축'**이다. 로런츠 수축은 '속도가 빨라지면 물체의 길이가 줄어든다'는 이론이다. 처음으로 주장한 헨드릭 로런츠의 이름을 따서 지어졌다. 로런츠는 길이 100m의 우주선이 광속의 80%, 즉 초속 24만 km로 비행하면 우주선의 길이가 60m 정도로 줄어든다고 예측했다.

단 **움직이는 방향으로만 길이가 줄어들고 우주선의 높이와 폭은 변하지 않는다.** 따라서 우주선은 앞뒤로 찌그러진 모양이 된다. 그러다 광속에 근접하면 납작해져버리는 것이다.

## 물체가 압축된다?

그렇다면 길이가 줄어든 물체는 어떻게 보일까? 만약 물체(우주선) 안에 누군가 타고 있다면 그 사람은 어떻게 될까?

길이가 줄어든 우주선에 타고 있는 우주비행사는 우주선과 마찬가지로 몸이 얇아진다. 진행 방향과 같은 방향으로 놓인 침대에 누워 있었다면 신장은 1m 정도로 줄어든다. 그러나 걱정할 필요 없다. 앞 장에서 살펴본 '시간 지연'과 마찬가지로 **우주선 밖에서 볼 때 수축한 것처럼 보일 뿐이다.** 우주선 안에 탄 사람에게는 아무런 변화도 일어나지 않는다. 길이를 재는 자 자체가 짧아지기 때문에 본인에게는 납작해졌다는 감각이 없고, 동료의 모습도 평소와 다름없다. 달라 보이는 것은 어디까지나 밖에서 본 우주선의 모습뿐이다.

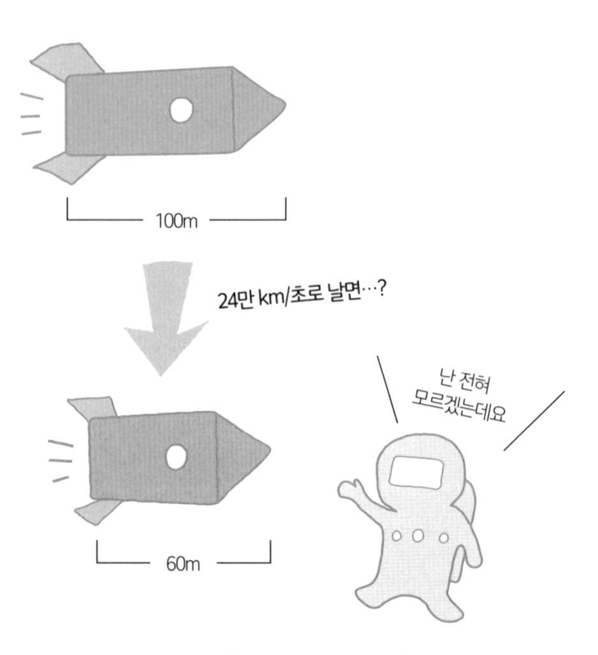


로런츠 수축

## 속도가 빨라지면 길이는 왜 줄어들까?

로런츠 수축은 일정한 속도로 움직이고 있는 물체를 정지된 틀에서 보았을 때 운동하는 방향으로 길이가 줄어든다는 학설이다. 이처럼 신기한 현상이 벌어지는 원인을 생각해보자.

### 우주선 길이 재기

빛의 절반 속도로 비행하고 있는 길이 3km의 우주선이, 정지해 있는 길이 40km의 우주정거장 옆을 통과한다고 생각해보자. 우주정거장이 우주선의 길이(선체 길이)를 측정하려고 할 때 어떤 방법이 있을까?

우주선 선장은 "우주정거장 옆을 통과할 때 우주선 뱃머리와 배꼬리에서 동시에 레이저를 발사해 정거장 선체에 표시하자. 나중에 우주정거장 측에 두 마크 사이의 간격을 재달라고 하면 우주선 선체 길이를 잴 수 있을 거야" 하고 생각했다.

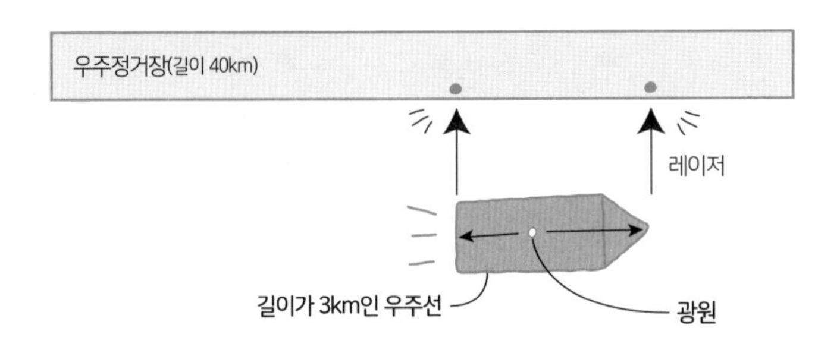


우주선의 전체 길이를 측정하는 방법?

그러나 우주선은 엄청난 속도로 날아가고 있다. 두 마크가 동시에 표시되지 않으면 의미가 없다. 그래서 이번에는 "우주선 중앙에 광원을 두고, 거기에서 뱃머리와 배꼬리를 향해 동시에 빛을 쏴서 뱃머리와 배꼬리에 빛이 들어오는 순간 동시에 레이저가 발사되도록 해야겠다"고 생각했다.

## 빛 도달 시간

결론부터 말하면 이 아이디어는 실패다. 왜냐하면 **우주선의 광원에서 나온 빛이 뱃머리와 배꼬리에 도착하는 시간이 서로 다르기 때문이다.** 물론 우주선 안에서는 차이 없이 뱃머리와 배꼬리에 동시에 도착한다. 그러나 우주정거장에서 보면 차이가 난다.

즉 배꼬리의 레이저는 광원을 향해 이동하고 있다. 반대로 뱃머리의 레이저는 광원에서 멀어지고 있다. 따라서 배꼬리의 레이저가 먼저 빛을 받고, 그 후 시차를 두고 뱃머리 레이저가 빛을 받는다. 그리

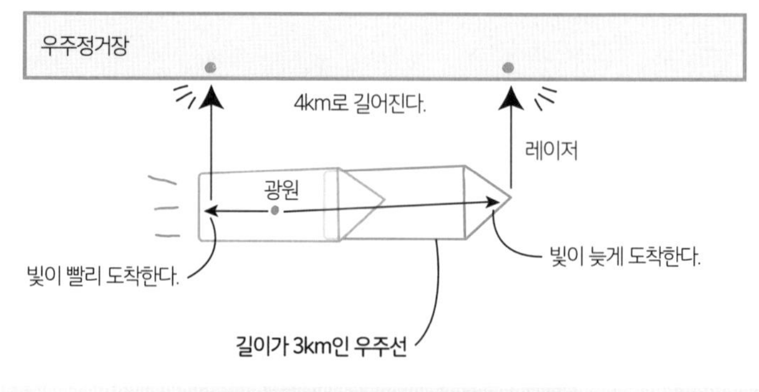


**우주선 전후에서 도착 시간에 차이가 발생한다**

고 이 시간차가 발생하는 사이에도 우주선은 앞으로 날아가고 있다.

그 결과 두 마크 사이의 간격은 실제 우주선 선체 길이인 3km보다 길어진다(예를 들어 4km). 이는 즉 길이 40km의 우주정거장이 우주선에서 보면 길이 30km로 수축했다는 것을 의미한다. 이것이 로런츠 수축이다.

## 빛에 가까운 속도에서는 물체 사이의 거리도 줄어들까?

로런츠 수축의 결과, 속도가 빠르면 물체와 경치가 납작하게 보인다는 사실을 소개했다. 여기서는 '로런츠 수축과 우주선의 비행 관계'에 대해 알아보자.

### 우주선의 귀환

지구와 1.3광년 떨어진 행성에 있는 우주선이 곧 귀환한다고 가정해보자. 우주선에는 1년 후 지구에서 결혼식을 올릴 예정인 젊은 커플이 타고 있다. 우주선은 최고 광속의 80% 속도로 비행할 수 있다. 그러나 1.3광년이라는 거리를 가려면 최고 속도로 이동한다고 해도 1.3 ÷ 0.8 = 1.6년 넘게 걸린다. 과연 두 사람은 지구에서 결혼식을 올릴 수 있을까?

### 누가 본 속도인가?

여기서 문제는 **'각각의 속도와 시간을 누가 어디에서 쟀는가?'**이다. 1.3광년이라는 거리는 '지구에서 본 거리'다. 그리고 결혼식을 올리는 '1년 후'라는 시간은 '우주선에서 본 1년 후'다.

앞서 언급했듯이 우주선은 광속에 가까운 속도로 날아가기 때문에 시간은 천천히 흐른다. 로런츠 인자(제4장 참고)에 따르면 지구에서 1초가 지나는 동안 우주선에서 지나는 시간은 0.6초에 불과하다.

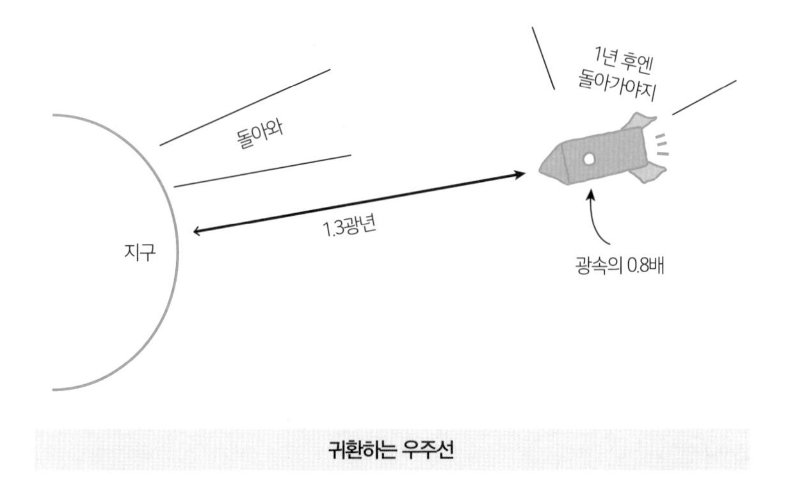


귀환하는 우주선

즉 **우주선에서의 1년은 지구의 1.67년에 해당한다**. 따라서 광속의 80%로 1.67년을 날아가면 그 사이 비행 거리는 1.33광년이 되어 여유롭게 지구로 돌아갈 수 있다.

## 거리 단축

더 확실히 하기 위해 이번에는 이 문제를 우주선 쪽에서도 살펴보자. 우주선 입장에서 보면 지구가 광속의 80% 속도로 다가오고 있다. 1년 동안 가까워지는 거리는 0.8광년이므로 1.3광년 떨어져 있는 우주선은 시간 안에 도착할 수 없다.

그러나 이 현상을 우주선에서 보면 로런츠 인자에 의해 거리가 줄어든다. 지구에서의 1.3광년은 우주선 안에서는 0.78광년이므로 1년 동안 지구가 다가오는 거리인 0.8년보다 짧아진다. 따라서 우주선은 시간을 맞출 수 있다.

# 04 광속에서 속도를 더하면 어떻게 될까?

광속에 가까운 영역에서는 여러 신기한 현상이 발생한다. 속도 더하기도 그중 하나인데, 광속을 뛰어넘는 물체가 존재하지 않는 이유는 무엇일까?

## 상식적인 속도 덧셈

지구에서 볼 때 초속 20만 km로 비행하는 모체에서 모체와 같은 방향으로 우주선 한 대가 초속 15만 km로 출발했다고 치자. 지구에서 본 이 우주선의 속도는 20만 km + 15만 km = 35만 km가 되는데, 이 값은 빛의 속도(초속 30만 km)를 넘는 수치다. '광속보다 빠르게 이동하는 물체는 존재하지 않는다'가 상대성이론의 전제이므로 이 계산은 성립하지 않는다.

성립하지 않는 숫자가 나온 이유는 **'속도를 쟀을 때의 상황이 다르기 때문'**이다. 모체의 속도는 '지구'에서 본 속도이고, 우주선의 속도는 '모체'에서 본 속도였다. 양쪽을 더하는 덧셈은 결국 환율이 다른 화폐끼리, 예를 들어 '20달러 + 50원 = 70달러'라고 계산한 것과 같다.

## 속도의 상대론적 덧셈

상대성이론에서 속도의 덧셈은 '식 1(그림)'[1]을 이용한다. 이 식에 앞서 언급한 사고실험의 수치를 넣어 계산하면, 지구에서 본 우주선의 속도는 초속 26.3만 km가 된다.

**상대성이론은 일상 속 여기저기에 숨어 있지만, 그 영향 자체는 한없이 작다.** 그러나 기술이 발달하면서 오늘날은 일상생활에서도 광속에 가까운 속도가 등장하고 있다. 지구의 공전 속도나 지구에서 발사하는 로켓의 속도, 그리고 그 로켓에서 발사하는 인공위성의 속도 등이다. 로켓이나 인공위성의 속도를 계산할 때는 '식 1'을 사용해야 한다.

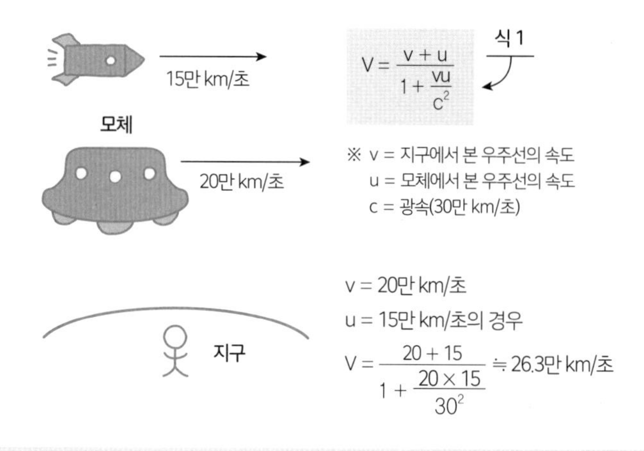


속도를 더하면?

---

1 식 1의 분모에 있는 항 $vu/c^2$에서, 실생활에서는 속도 v와 u가 광속 c보다 매우 작기 때문에 항의 값은 실제로 0이 된다. 그러면 식 1의 분모값은 1이 되어 식 1은 $V = v + u$가 되고 이는 일반적인 속도 덧셈식과 같다.

우리 생활과 가장 밀접한 영역은 인공위성에 의한 위치 정보 시스템[2]이다. 스마트폰 지도 기능과 자동차 내비게이션은 우리에게 너무도 익숙하다. 만약 상대성이론을 반영한 보정이 없다면 내비게이션 정보는 오차가 너무 커서 아무짝에도 쓸모없는 물건이 되었을 것이다. 내비게이션으로 정밀 유도되는 군사 로켓도 마찬가지다. 착탄 지점 등을 정확히 계산할 수 있는 것도 상대성이론이 있기에 비로소 가능하다.

2 상대성이론에 따르면 인공위성과 지구 사이에는 하루에 100만분의 39초의 시간차가 발생한다. 매우 짧은 시간인 것 같지만 거리로 바꾸면 10km 이상이 된다. 이래서는 내비게이션으로 사용할 수 없다. 따라서 상대성이론을 고려한 보정이 필요하다.

# 제 6 장

# 에너지와 질량은 같다

$E=mc^2$

$E=mc^2$

## 질량과 중량은 어떻게 다를까?

중학교 과학에서 물리를 처음 배울 때 혼동하기 쉬운 개념이 '질량'과 '중량'의 차이다. 이 둘의 차이점과 과학적 설명에서 질량만이 사용되는 이유를 알아보자.

**'질량'은 물질의 고유한 무게를 나타내는 단위**로 환경에 따라 변화하지 않는다. 한편 **'중량'은 질량과 '중력'[1]을 곱해 크기를 구한다.**

중력의 크기는 장소에 따라 변한다. 지구와 달을 예로 들면, 달의 중력은 지구의 6분의 1에 불과하다. 그래서 지구에서 체중이 60kg인 사람은 달에서는 체중이 10kg으로 줄어 사뿐사뿐 나는 듯 걸을 수 있다. 굳이 달까지 갈 필요도 없이 중력의 크기는 지구 내에서도 변한다. 불과 수백 미터밖에 떨어져 있지 않은 일본의 도쿄역과 일왕 왕궁에서도 차이가 난다.

또 우주정거장 내부 등은 중력이 0이다. 이러한 이유로 **과학적으로 설명할 때는 오직 '질량'만을 사용한다.**

### 질량은 움직이기 어려운 정도

질량에 관한 가장 알기 쉬운 정의는 '움직이기 어려운 정도'를 나타

1 예를 들어 지구에서는 적도의 중력이 북극이나 남극보다 약 0.5% 작다. 또 같은 장소라 해도 달과 태양의 인력(조수 간만), 지각 변동 등의 이유로 시간에 따라 달라지기도 한다.

내는 지표다. 이를테면 철의 비중은 약 7.85다. 이에 반해 금의 비중은 약 19.32다. 금이 철의 2배나 된다. 즉 같은 크기의 철 뭉치와 금 뭉치를 들어 올릴 경우, 금은 배 이상의 힘이 필요하다. 같은 크기의 철공과 금공을 굴릴 때도 마찬가지다. 이는 무중력 상태에서도 동일한데, 금공을 움직일 때는 2배의 힘이 필요하다.

### 천체의 회전

사람들은 달이 '지구 주위를 돈다'고 생각한다. 그러나 정확히는 그렇지 않다. '지구와 달의 무게 중심' 주위를 돌고 있다. 하지만 지구와 달은 질량이 크게 다르기 때문에 양자의 무게 중심은 지구 안쪽으로 쏠려 있다.

이 관계를 더 정확히 이해하기 위해 질량이 같은 2개의 별이 짝을 이루고 있는 '쌍성'의 회전에 대해 생각해보자. 이때 무게 중심은 두 별 가운데에 있다. 두 별은 이 무게 중심을 중심으로 같은 원을 그리며 회전한다.

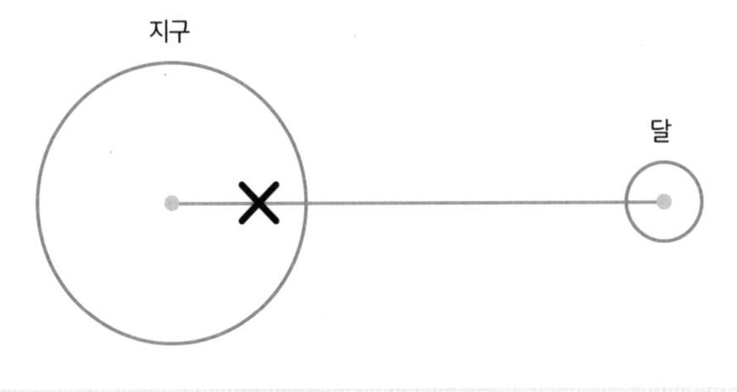


별의 질량이 서로 다른 경우

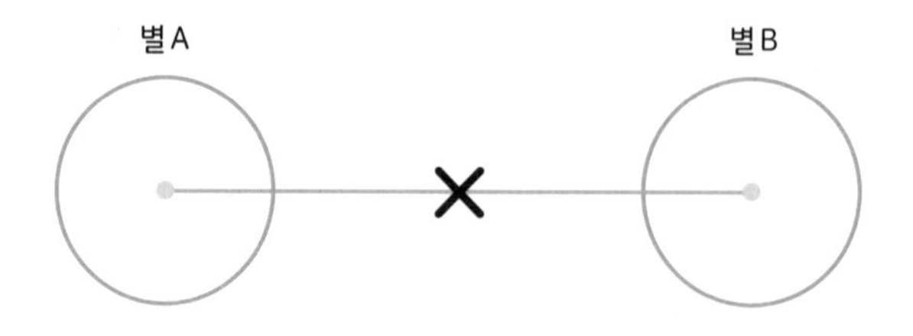


별의 질량이 균형을 이루는 경우

그러나 별의 질량이 서로 다를 경우에는 그렇지 않다. 무게 중심은 무거운 별 쪽에 더 가깝다. 두 별은 각각 이 무게 중심을 중심으로 회전하기 때문에 무거운 별의 회전 반경은 작고, 가벼운 별의 회전 반경은 커진다.

## 02

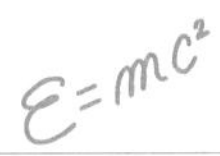

# 광속에 가까워지면 질량이 커질까?

상대성이론의 신비한 현상 중 하나가 '빛의 속도에 가까워지면 물체의 질량이 커진다'는 것이다. 정말 그럴까?

### 우주선의 가속

우주선이 출발하는 모습을 떠올려보자. 정지 상태의 우주선에 에너지를 가하자 우주선 속도가 단번에 광속의 86.6%에 도달했다고 가정해보자. 광속의 86.6%의 속도로 달리는 이 우주선에 다시 한 번 조금 전과 같은 양의 에너지를 가한다. 그러면 속도는 더 빨라진다. 그러나 그 증가폭은 빛의 빠르기의 7.7%에 불과하다.

그 후 또다시 에너지를 가해도 증가폭은 점점 작아진다. 그래프에

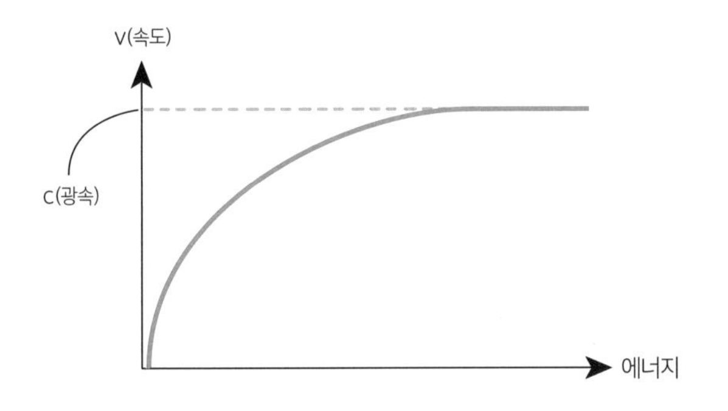


에너지와 속도의 관계

나타난 것처럼 에너지를 가하면 가할수록 우주선의 속도는 광속에 가까워진다. 그러나 결코 광속에는 도달하지 못한다.

### 광속에 가까워지면 질량이 증가한다

이처럼 '우주선이 점점 움직이기 어려워지는' 이유는 '우주선의 질량이 점점 커지기 때문'이라고 해석할 수 있다. 상대성이론에 따르면 '물체의 질량은 광속에 가까워질수록 무한대로 커진다'.

그렇다면 우주선에 가한 에너지는 어디에 사용된 것일까? 이 문제에 대해서는 '무거워진 우주선을 억지로 움직이게 하는 데 필요한 에너지에 사용되었다' '입자의 질량을 증가시키는 데 사용되었다. 즉 입자의 질량이 되었다' 등 다양한 해석이 가능하다.

### 탑승자는 살이 찔까?

우주선의 질량이 증가한다는 말은 결국 '탑승자의 질량도 증가'한다는 뜻이기도 하다. 즉 광속에 가까운 속도로 비행하는 우주선에서 탑승자의 체중은 무한대로 늘어난다. 사실이라면 심각한 문제가 아닐 수 없다.

그러나 걱정할 필요 없다. 우주선 밖 정지 공간에서 그렇게 보일 뿐이다. 탑승자에게 특별한 피해는 없다.

## 에너지와 질량은 어떤 관계가 있을까?

앞 절에서 '물질의 질량은 이동 속도가 빨라질수록 커지며 동시에 가속이 어려워진다'고 소개했다. 질량이나 가속에 필요한 에너지는 물질의 이동 속도와 어떤 관계가 있을까?

### 질량의 증가

속도가 빠를수록 물체의 질량이 커진다면 특히 육상 경기 선수에게는 굉장히 불리한 상황이 아닐 수 없다. 빨리 달리면 달릴수록 체중이 증가해 속도가 떨어질 테고, 그러면 '시간을 줄이기 위해 2배의 노력이 필요한' 상황이 벌어진다. 그러나 걱정하지 않아도 된다. 상대성이론에 따르면 속도 v로 이동하고 있을 때의 물질의 질량은 그림의 '식 1'로 나타낼 수 있다. 이 식에 따르면 가령 시속 300km로 달리는 고속철도의 경우 100kg일 때의 증가분이 고작 0.0000000000004kg(10조분의 4kg)에 불과하다. 이 정도는 현대 기술로도 검출하기 어려운 수치다. 육상 선수가 달리는 속도로 계산하면 전혀 영향이 없다고 해도 무관하다.

### 가속 에너지 증가

'식 2'는 이동 중인 물질을 가속하는 데 필요한 에너지의 양을 정지 상태의 물질을 가속할 때와 비교해 나타낸 것이다. 식에 의하면 '속도가 광속이 되는 데 필요한 에너지는 무한대'임을 알 수 있다. '무한대의 에너지'라는 것은 없기 때문에 **빛의 속도를 넘는 속도는 존재하지 않는다**는 결론이 나온다.

식 1

속도 v로 이동할 때 물질의 질량

$$\text{이동 중의 질량} = \text{본래의 질량} \div \sqrt{1-(\frac{v}{c})^2}$$

식 2

이동 중인 물질을 가속하는 데 필요한 에너지양

$$\text{이동 중인 물체를 가속하는 에너지} = \text{정지 중인 물체를 가속하는 에너지} \div \sqrt{1-(\frac{v}{c})^2}$$

**에너지와 질량을 식으로 나타내면?**

## 질량과 에너지는 같을까?

'$E = mc^2$'이다. 이 식의 의미는 '에너지 E와 질량 m은 같다(호환성이 있다)'이다. 즉 '에너지는 질량, 물체로 변환할 수 있고 질량은 에너지로 변환할 수 있다'는 것이다.

### 에너지와 질량의 변환

앞에서 '우주선에 가한 에너지는 속도가 증가함에 따라 속도가 아닌 다른 것으로 변한다'고 소개했다. '속도가 아닌 다른 것'은 무엇을 의미할까? 우주선 속도가 생각만큼 빨라지지 않는 걸 보면, 우주선을 '움직이기 어렵게 하는 무언가'로 변화했다고 보는 것이 자연스럽지 않을까?

결론부터 말하면 물체를 **'움직이기 어렵게 만드는 것'은 질량이다**. 우주선에 가한 에너지 E가 우주선의 질량으로 변한 것이다.

### 전자의 질량 변화

질량이 에너지로 변환하는 사례는 다음에 살펴보기로 하고, 여기서는 '에너지가 질량으로 변하는 사례'를 살펴보자.

2개의 전자 A, B에 에너지를 가해 A를 광속의 99.0%, B를 광속의 99.9%까지 가속했다고 하자. 두 전자를 벽에 충돌시켜 벽에 대한 파괴 에너지를 비교해보았더니 B의 에너지가 3.5배나 크다는 사실을 알게 되었다.

운동 에너지는 '$mv^2/2$'이라는 식으로 나타낼 수 있다. A와 B의 속도 v는 광속에 대해 99.0%, 99.9%로 0.9% 차이에 불과한데도 B의 에너지가 이처럼 커진 이유는 뭘까? 그것은 'A와 B의 m(질량)이 바뀌었기 때문'이다. 즉 정지 상태에서는 두 전자 모두 질량이 m이었지만 속도가 변하면서 질량도 변한 것이다. B는 A보다 3.5배가량 더 많은 에너지를 질량으로 저장하고 있었다.

## $E = mc^2$과 속도의 관계

상대성이론에서는 '물체가 속도 v로 운동하고 있을 때의 에너지 E'를 오른쪽 '식 1'과 같이 나타낸다. 이 식에서 '$v = 0$', 즉 물체가 정지해 있다고 하면 '$E = mc^2$'이 된다. 그러나 v가 커져서 광속 c에 가까워지면 E는 점점 커진다. 그리고 $v = c$가 되었을 때 식 1은 분모가 0이 되어 의미를 잃는다.

속도가 광속 c인 입자, 즉 광자 1개가 지닌 에너지 E에 대해서는 파동의 원리에 따라 '식 2'와 같이 나타낸다. 즉 앞에서 살펴보았듯이 진동수에 비례하며 파장에 반비례한다.

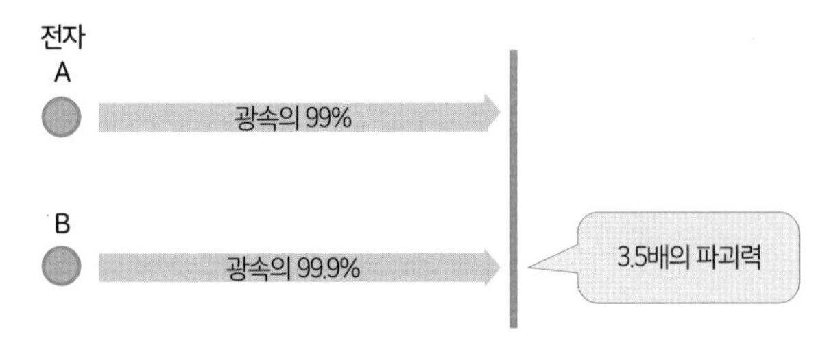


식 1

$$E = \frac{mc^2}{\sqrt{1-(\frac{v}{c})^2}}$$

식 2

$$E = h\gamma = \frac{ch}{\lambda}$$

※ $\gamma$ = 진동수
$\lambda$ = 파장
h = 플랑크 상수

**E = $mc^2$과 속도**

# 아인슈타인의 방정식 'E = mc²'은 어떤 내용일까?

상대성이론에 나오는 공식 'E = mc²'은 '아인슈타인의 방정식'이라고 불릴 정도로 유명한 식이다.

이 식에서 E는 에너지, m은 질량, c는 광속이다. 즉 '**물질의 질량과 에너지는 호환성이 있다**(쉽게 말해 같다)'는 원리다. 이 공식 덕분에 '질량 불변의 법칙' 또는 '질량 보존의 법칙'이라 불리는 유명한 '열역학 제1법칙'은 '에너지 보존의 법칙'이라 일컬어지게 되었다.

또 이 식의 특징은 에너지의 거대함이다. 과연 얼마나 거대할까? 예를 들어 생각해보자.

## 원자핵 반응

상대성이론은 광속처럼 실생활과 동떨어진 세계에서 일어나는 현상을 연구하는 학문처럼 보일 때가 많다. 이번에 소개하는 '원자핵 반응'은 속도가 아닌 '에너지'가 엄청난 크기로 변하는 법칙이다.

실제 사례를 들어보자. 이 법칙에 따르면 질량 1g의 물질이 에너지로 변했을 때의 에너지양은 다음과 같다.

- 8.98755 × 1,013J[1] 과 같다.
- 2.49654 × 1,017kWh[2] 와 같다.
- 0.2148076431Mt(TNT)의 열량과 같다.

만약 물질의 질량이 1g이 아니라 10g이 되면, 이집트에 있는 '쿠푸의 피라미드' 1개 분량의 물(260만 $m^2$)을 20℃에서 100℃로 가열할 수 있을 정도의 에너지로 변한다.

## 거대 에너지의 의미

위에 소개한 에너지양의 세 번째 단위 'Mt(TNT)'의 의미를 우선 'Mt'와 'TNT'로 나누어 설명해보자.

Mt는 메가톤, 다시 말해 '100만 톤(TNT)'은 'TNT로 환산하면'이라는 의미다. TNT는 포탄과 폭탄에 사용되는 화학 폭약의 표준 제품 '트리니트로톨루엔'을 가리킨다. **1Mt은 'TNT 폭약 100만 톤의 폭발력에 상응하는 에너지'라는 의미다.**

차르 봄바

1945년 8월 6일 미국이 히로시마에 투하한 원자폭탄에서 핵분열을 일으킨 물질은 폭탄에 든 우라늄 235(약 50kg)였다. 발생한 에너지는 0.16메가톤, 16만 톤 정도였다

1 줄. 지구상에서 약 102g의 물체를 1m 들어 올리는 데 필요한 작업량.

2 킬로와트시. 1kW의 전력을 1시간 소비 또는 발전할 때의 전력량.

고 한다.

원자핵을 융합해 에너지를 내는 수소폭탄의 경우, 발생하는 에너지의 크기는 차원이 다르다. 예를 들어 1961년 구소련이 실험한 차르 봄바(폭탄의 황제)의 에너지는 50메가톤에 달했다. 이 위력은 제2차 세계대전 때 전 세계의 군대가 사용한 TNT 화약의 25배라고 한다. 인류가 폭파시킨 폭탄 에너지의 최고치에 달하는 수준이다.

## 입자가 쌍으로 생기거나 사라진다고?

원자는 '원자핵'과 '전자'로 이루어져 있다. 양성자는 (+), 전자는 (−) 전기를 띤다. 한편 마이너스 양성자와 플러스 전자도 존재하는데, 이러한 입자를 일반적으로 '반입자'라고 한다.

### 반입자

원자, 전자 등 미립자의 움직임을 밝히는 학문을 '양자역학'이라고 한다. 양자역학의 토대는 오스트리아의 과학자 슈뢰딩거[1]가 고안한 '슈뢰딩거 방정식'이다.

1928년 영국의 물리학자 디락[2]은 슈뢰딩거 방정식과 상대성이론을 모순 없이 합친 '디락 방정식'을 도출했다. 이 과정에서 디락은 '보통의 입자와 동일하지만 전하만 반대인 반입자'가 존재한다고 예측했다.

많은 과학자는 이 예언에 회의적이었지만, 1932년 전자의 반입자인 반전자(양전자)가 발견되었고, 그 후 1955년에 반양성자, 1956년에 반중성자가 발견되었다.

1 에르빈 슈뢰딩거(1887~1961년) 오스트리아의 이론물리학자. 1933년 영국의 이론물리학자 폴 디락과 함께 한 '원자 이론의 새로운 형식의 발견' 연구 업적으로 노벨 물리학상을 받았다.

2 폴 디락(1902~1984년) 영국의 이론물리학자. 1933년에 슈뢰딩거와 함께 노벨 물리학상을 받았다.

또 1995년에는 반양성자 주위를 반전자가 도는 '반수소원자'가 발견되었으며, 현재는 반중수소원자핵, 반삼중수소원자핵, 반헬륨원자핵 등의 반입자가 발견되거나 원자로에서 합성되고 있다.

### 쌍생성과 쌍소멸

고속 비행하는 입자를 충돌시키거나 해서 진공의 한 점에 고에너지를 집중시키면 입자와 그 반입자가 쌍으로 탄생한다. 이를 **'쌍생성'**이라고 하는데, '$E = mc^2$'이 구현되면서 에너지 E에서 질량(물질) m이 만들어지는 현상이다.

반대로 반입자가 입자를 만나면 양쪽 모두 소멸해 2개의 광자가 된다. 이를 **'쌍소멸'**이라고 한다. 쌍소멸 역시 '$E = mc^2$'에 따른 반응이며 '질량 m이 효율적으로 에너지 E로 전환'되는 과정이라고 알려져 있다.

전자와 반전자의 쌍소멸 시 생성된 광자 1개는 전자 1개의 질량과

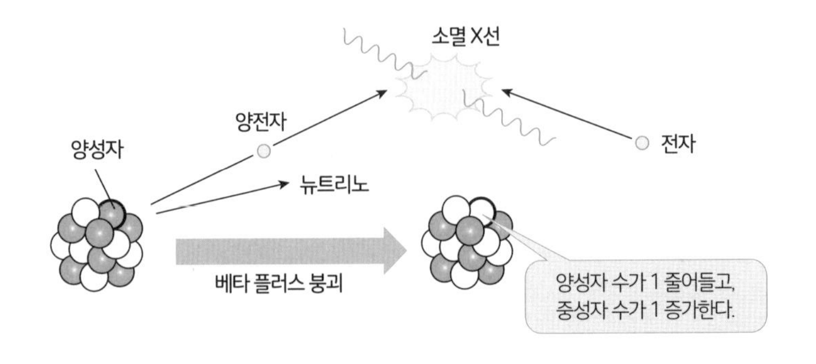


쌍소멸

동등한 에너지를 가지게 되는데, 이 에너지양이 511Kev(킬로일렉트론 볼트)나 된다. 이것은 굉장한 고에너지 빛으로 고에너지 X선(γ선) 부류에 들어간다.

은하계 중심 방향을 관측하면 매초 $1m^2$당 광자 10억 개 분량에 해당하는 γ선이 관측된다. 이러한 사실로 미루어 볼 때, **은하계에서는 매초 100억 톤의 양전자가 소멸하고 있음**을 알 수 있다. 끝을 알 수 없는 우주의 크기가 피부로 느껴지는 대목이다.

칼럼

## '$E = mc^2$' 유도하기

$E = mc^2$에서 E는 에너지, m은 질량, c는 광속을 가리킨다. 물질의 질량과 에너지는 호환성이 있다, 쉽게 말해 '같다'는 의미다. 이 식을 사고실험과 계산으로 유도해보자.

질량이 M인 물체에 에너지 E를 가진 광자 2개가 좌우에서 충돌했는데 충돌한 광자는 물체에 흡수되고 에너지 E는 질량 m으로 바뀌었다고 가정해보자. 그러면 2개의 광자를 흡수한 물체의 질량 M'는 다음과 같다.

$$M' = M + 2m \quad (1)$$

다음으로, 속도 v로 아래쪽으로 등속 직선 운동을 하고 있는 '계'에서 이 운동을 바라보자. 물체는 속도 v로 위쪽으로 운동하고 있는 것처럼 보인다.

이제 이 '물체와 광자로 이루어진 계'가 위쪽으로 움직이는 운동량을 계산해보자.

운동량은 '질량과 속도의 곱'으로 계산할 수 있다. 이때 광자가 충돌하기 전의 물체의 운동량은 Mv가 된다. 또 광자와 충돌한 후의 물체의 운동량은 M'v가 된다.

한편 광자처럼 고속으로 비행하는 입자의 운동량은 뉴턴 시대의 고전역학에 의해 "입자의 에너지 E를 광속 c로 나눈 것, 즉 E/c"임이 밝혀졌다.

그런데 등속 직선 운동을 하며 하강하고 있는 계에서 보면 광자도 물체와 마찬가지로 속도 v로 상승하고 있는 셈이다. 따라서 물체가 충돌한 뒤 위를 향하는 운동량 속에는 광자의 분도 포함되어 있다. 이는 직각삼각형의 닮음을 생각하면

$$2 \times (E/c) \times (v/c) \tag{2}$$

가 된다. 즉

$$M'v = Mv + 2(E/c^2)v \tag{3}$$

이 식에서 v를 제거하면

$$M' = M + 2(E/c^2) \tag{4}$$

이 식에 앞의 식 1을 대입하면

$$M + 2m = M + 2(E/c^2)$$
$$2m = 2(E/c^2)$$
$$m = E/c^2$$

가 된다. 결과적으로 아인슈타인의 방정식

$$E = mc^2$$

이 유도된다.

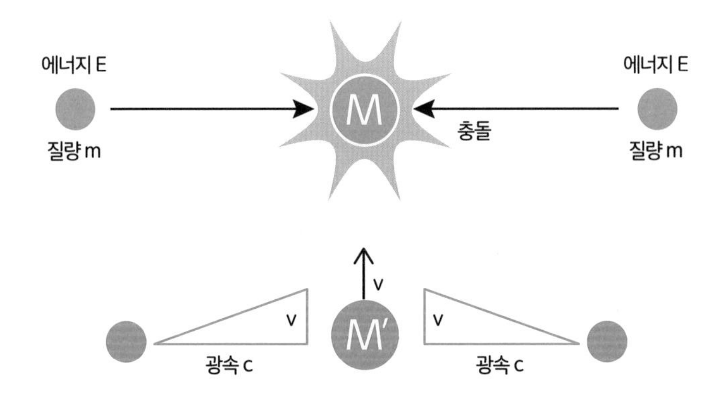


$E = mc^2$을 수식으로 유도하면?

# 제 7 장

# 중력과 시공간의 휨

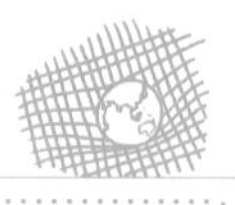

01

## '질량'과 '중력'은 어떻게 다를까?

물리학과 천문학 분야에서 질량만큼이나 중요한 개념이 '중력'이다. 그래서 예로부터 많은 과학자들은 중력에 대한 연구를 계속해왔다. 중력의 기본 이론부터 차근차근 살펴보자.

### 고전물리학의 중력론

고전물리학의 토대가 되는 이론은 뉴턴 역학이다. 뉴턴 역학은 모든 물체는 서로 잡아당긴다는 '만유인력의 법칙'을 토대로 하는데, '나무에서 떨어지는 사과' 이야기로 유명하다. 중력은 '지구가 물체를 잡아당기는' 현상, 다시 말해 아래로 낙하하는 현상의 기초가 된다.

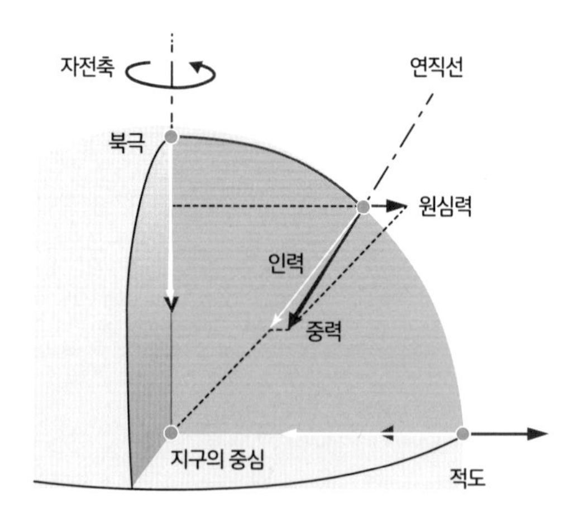


지구에 작용하는 힘

그렇다면 중력과 인력은 같을까? 정확히는 다르다. 양동이에 물을 넣고 휘둘러도 안에 든 물이 쏟아지지 않는 것처럼, 회전하는 지구에 있는 모든 물체에는 '지구의 자전에 의한 원심력'이 작용한다. 원심력에는 지구로부터 물체를 밀어내는 힘이 작용하기 때문에 **지구의 중력은 '인력과 원심력을 합한 것'**이 된다.

## 중력과 거리

중력은 지구에서 멀어질수록 작아진다. 지구 약 400km 상공에 있는 국제우주정거장에서는 지상의 약 89% 크기의 중력을 받는다. 또 지구로부터 약 38만 km 떨어진 달에서 작용하는 지구의 중력은 지상의 0.02%에 불과하다.

지구의 중력과 달이 지구 주위를 공전하면서 발생하는 원심력이 균형을 이루고 있기 때문에 지구가 달을 끌어당겨 떨어진다거나 원심력 탓에 우주 저편으로 날아가버리거나 하는 일은 발생하지 않는다.

## 질량

질량은 '모든 물체가 고유하게 가지고 있는 양'으로 **'움직이기 어려운 정도'**를 나타낸다. 또 질량에 중력을 곱하면 물체의 무게(중량)를 알 수 있다.

그렇다면 '질량'이란 무엇일까? 이 질문에는 현대과학도 명쾌한 답을 제시하지 못했다. 그러나 이론 중에는 우주를 구성하는 '소립자'와 그 상호 작용으로 질량을 설명하는 '표준모형'이라는 이론이 있다. 이 표준모형을 토대로 우주의 구성에 대해 연구를 거듭한 결과 '**힉스 입자**'라는 물질을 발견했다. 2013년에는 입자를 발견한 프랑수아 앙글레르와 피터 힉스가 노벨 물리학상을 받았다.

칼럼

## 힉스 입자

학자들은 138억 년 전 빅뱅 발생 직후에는 물질에 질량이 없었다고 보았다. 그러나 빅뱅 발생 약 10초 후 물질에 질량이 생겼다. 이 질량의 근원이 되는 입자가 '힉스 입자'다. 힉스 입자가 물질과 결합함으로써 질량이 발생했다고 여겨진다.

힉스 입자의 존재는 20세기 중반부터 예측되어왔지만 실제로 발견되지는 않았다. 그러다가 2012년에 드디어 발견되었다.

발견한 사람은 스위스 제네바 근교에 있는 유럽 원자핵 공동연구소(CERN, 세른)의 연구원들이다. CERN은 유럽 각국이 공동 제작한 입자가속기로, 양성자·전자 등의 입자를 전기장과 자기장의 힘으로 가속해 광속에 가까운 속도로 가속하는 장치다. CERN으로 광속에 가까운 속도까지 가속한 2개 입자를 충돌시키면 입자가 파괴되면서 빅뱅에 가까운 상태가 출현한다. 이런 식으로 힉스 입자를 인위적으로 발생시켜 관측한 것이다.

힉스 입자가 발견되었다는 소식이 전해지면서, '소립자의 질량 기원에 관한 이해로 이어지는 기구의 이론적 발견'에 기여했다는 이유로 브뤼셀 자유대학의 프랑수아 앙글레르 교수와 에든버러 대학의 피터 힉스 명예교수가 2013년에 노벨 물리학상을 받았다.

# 02 평행선은 서로 만날 수 있을까?

다음으로 상대성이론에 기초한 중력이론에 대해 살펴보자. 중력이론에서는 '공간'에 대한 이해가 중요하다.

우리는 평소 '3차원 공간', 즉 '가로, 세로, 높이'로 이루어진 공간에 살고 있다. 3차원 공간은 다시 **'유클리드 공간'**과 **'비유클리드 공간'** 두 가지로 나눌 수 있다.

## 유클리드 공간

우리는 수학 시간에 '2개의 평행선을 아무리 길게 그어도 결코 만나지 않는다'고 배운다. 또 '모든 삼각형의 세 변의 내각의 합은 반드시 180도' '원의 반경이 r인 원주의 길이는 2πr'이라는 것도 알고 있다. 고대 그리스의 수학자 유클리드[1](에우클레이데스)는 평행선과 삼각형, 원을 열심히 파고들었는데, 이러한 유클리드의 연구 성과를 바탕으로 정리한 수학(기하학)이 '유클리드 기하학'이다. 유클리드 기하학이 성립하는 공간을 '유클리드 공간'이라고 부르며 유클리드 공간은 **우리가 일상생활을 영위하는 공간이기도 하다.**

1 알렉산드리아의 유클리드(기원전 300년경) 고대 이집트의 그리스계 수학자이자 천문학자로 『유클리드 원론』의 저자다.

## 비유클리드 공간

한편 평행선이 서로 교차하는 '비상식적'인 공간도 존재한다. 예를 들어 지구 적도 위에 위치한 비행장 두 곳에서 비행기가 한 대씩 정북쪽을 향해 출발했다고 가정해보자. 비행기 두 대는 서로 평행 관계를 유지하며 북쪽을 향해 날아간다. 그러나 북극에 가까워질수록 서로의 간격이 좁아진다. 그리고 북극에 도달했을 때 비행기 두 대는 충돌하고 만다.

이러한 현상은 비행기가 지구라는 '구면'을 따라 날았기 때문이다. 즉 두 비행기 사이의 공간은 둥글게 휘어져 있다. 이 같은 현상을 체계적으로 정리한 기하학을 '비유클리드 기하학'이라고 하며 비유클리드 기하학이 성립하는 공간을 '비유클리드 공간'이라고 부른다. 비유클리드 공간에서는 삼각형의 내각의 합이 180도보다 커지고, 원의 원주는 $2\pi r$보다 짧아진다.

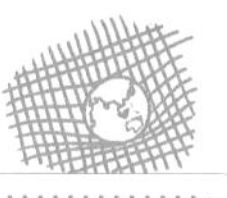

# 중력이 공간을 휘게 할 수 있을까?

상대성이론에서는 중력을 '공간을 휘게 하는 힘(공간의 휨)'이라고 설명한다. 정확히 무슨 뜻인지 자세히 살펴보자.

## 무중력 공간에 있는 상자 속의 공

무중력 공간에 있는 큰 상자 안에 50cm 간격을 두고 공 2개를 공중에 띄워보자. 공은 공중에 나란히 떠 있다. 이 상자를 위로 이동시켜 보자. 만약 상자 안에 사람이 있다면 그 사람에게는 공 2개가 나란히 밑으로 떨어지는 것처럼 보일 것이다.

## 자유낙하 상태에 있는 상자 속의 공

이번에는 높은 곳에서 자유낙하하는 큰 상자 안에서 같은 실험을 해보자. 상자가 낙하하는 동안 2개의 공은 상자 안에서 50cm 간격을 유지하며 그대로 떠 있을까?

이제 상자의 자유낙하를 멈춰보자. 자유낙하하는 것은 공뿐이다. 공은 상자 안에서 멈추지 않고 계속 떨어진다.

이때 공 사이의 거리는 어떻게 될까? 공은 지구 중력의 잡아당기는 힘에 의해 낙하하는데 중력은 지구의 중심을 향한다. 지구는 둥글기 때문에 공은 지구 중심을 향해 '방사상 방향'으로 떨어진다. 따라서 공 2개 사이의 간격은 점점 좁혀지다가 마지막에는 서로 충돌한다. 앞에 서술한 비행기 충돌과 비슷한 현상이다.

### 상자 속 공의 수직 간 거리

이번에는 위아래로 사이를 벌려 배치한 공 2개를 가지고 같은 실험을 해보자. 중력은 거리가 멀어질수록 작아지므로 위쪽 공에 작용하는 중력은 아래쪽 공에 작용하는 중력보다 작다. 그 결과 낙하하는 2개 공은 사이가 점점 벌어진다. 이 같은 현상을 상대성이론에서는

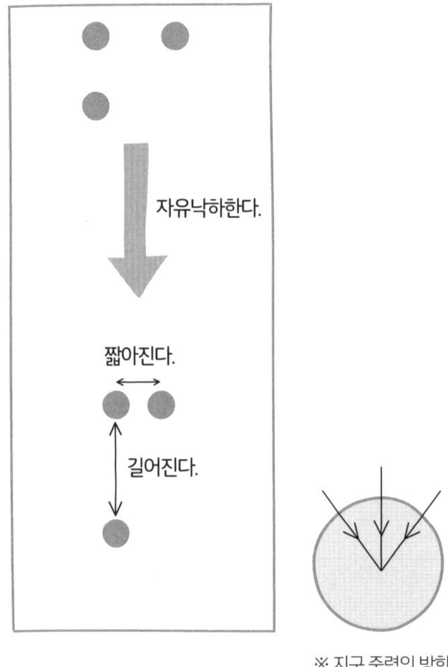


상자 속 공의 수직 간 거리

'중력이 공간을 일그러지게 했다'고 표현한다.

'공은 자유낙하하고 있을 뿐인데 두 공의 궤적이 다른 것은 공간이 일그러졌기 때문'이라는 것이다. 이 생각이 더 발전하면 '중력은 공간의 일그러짐'이 된다. 물체 A가 다른 물체 B에게 '중력으로' 끌리는 것은 B가 만드는 공간의 일그러짐에 빨려들기 때문이라고 주장한다. 또 행성이 항성 주위를 공전하는 것은 '빨려드는 힘과 원심력이 균형을 이루고 있기 때문'이라고 본다.

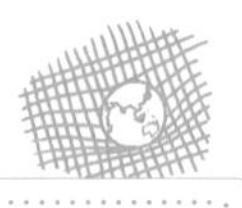

# 중력은 빛을 휘어지게 할까?

빛은 직진하기도 하고 휘어지기도 한다. 휘어지는 조건의 대표적인 예가 '다른 물질에 투사될 때'다. 그러나 진공 속을 날아가는 빛이 휘어지기도 하는데 이는 중력 때문이다.

## 엘리베이터로 들어오는 빛

아무것도 없는 진공의 우주 공간을 위아래로 운동하는 '우주 엘리베이터'가 실제로 있다고 가정해보자. 단 '우주 공간에서 빛은 수평 방향으로 직진한다'는 조건이 붙는다.

다음으로 엘리베이터의 빛이 들어오는 쪽 벽에 작은 구멍을 뚫고, 엘리베이터에 타서 안으로 들어오는 빛을 관찰한다. 엘리베이터가 멈춰 있을 때 빛은 엘리베이터 바닥과 평행하게 들어온다.

그렇다면 엘리베이터가 일정 속도로 상승(등속 직선 운동)하고 있을 때는 어떻게 보일까? 구멍으로 들어온 빛은 수평을 이루지 않고 한쪽으로 기울지만, 빛 자체는 직진하고 있는 것처럼 보인다.

엘리베이터가 가속해서 상승 속도가 빨라지면 빛은 어떻게 보일까? 이때는 엘리베이터의 단위 시간당 상승 거리가 점점 커지기 때문에 빛의 궤적은 직선이었다가 '아래쪽으로 휜 곡선'이 된다. 이처럼 가속 중인 공간에서 빛은 휘어져 보인다.

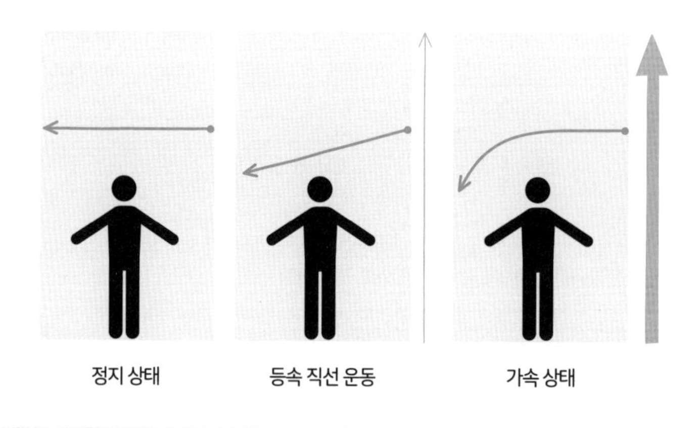


엘리베이터에 들어오는 빛은?

## 공간의 휨

상대성이론을 구성하는 중요한 기둥 가운데 하나가 **'등가 원리'**다. 등가 원리는 **"천체 주위의 '중력장'과 '가속계'는 구별할 수 없다"**는 것이다.

등가 원리에 따르면 '가속 중인 엘리베이터 안'과 같은 가속계에서 일어난 일은 중력이 작용하는 곳에서도 발생한다. 가속계에서 빛이 휜다면 중력장에서도 휜다. 이를 상대성원리에서는 **'공간이 휜다'**고 표현한다. 즉 빛은 (아마도) 직진하고 있지만 그 바탕이 되는 공간 자체가 휘어 있기 때문에 빛도 결과적으로 휜 공간을 따라 진행하는 것이다.

## 05 중력 작용이 사진에 찍혔다고?

'중력으로 빛이 휜다'는 말은 종래의 뉴턴 역학에서는 상상할 수 없는 일이었다. 그러나 상대성 이론에 따르면 빛이 중력으로 휘는 것은 당연한 귀결이었다.

### 빛을 휘게 한 거대 질량

상대성이론은 '중력이 시공간을 휘게 함으로써 빛의 항로, 광로도 휜다'고 말한다. 그러나 시공간이 휘어지려면 엄청난 크기의 중력이 필요하다. 태양계에 사는 우리 인간이 이러한 규모의 중력을 얻을 수 있는 가장 적당한 존재는 태양이었다.

### 중력 렌즈

그래서 1919년 달이 태양을 가리는 일식을 이용해 태양 뒤쪽에 있는 별의 위치를 확인하는 실험이 실시되었다. 이 실험을 통해 별의 실제 위치와 보이는 위치가 다르다는 사실이 밝혀졌다. 이 실험 결과는 '태양의 중력으로 광로가 휘어졌다'는 사실을 뒷받침하는 가장

1919년에 촬영한 일식

큰 증거였다. 이 현상을 '중력 렌즈'라고 한다.

## 아인슈타인의 십자가, 아인슈타인의 고리

중력 렌즈 효과를 일으키는 것은 태양만이 아니다. 태양계보다 훨씬 큰 천체를 관측할 경우 관측 대상인 항성과 지구 사이에 존재하는 은하계 자체가 중력 렌즈가 된다.

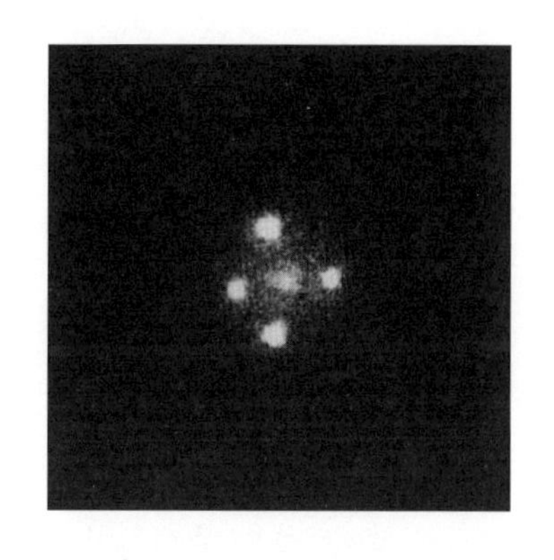

아인슈타인의 십자가

유명한 예가 실제 별 주위에 4개의 허상이 나타난 '아인슈타인의 십자가'(사진)와 별 주위에 고리 모양의 허상이 나타난 '아인슈타인의 고리'다. 둘 다 우주 공간에 설치한 허블 우주망원경으로 촬영했다.

최근에는 중력 렌즈 효과를 활용해 몇억 광년이나 멀리 떨어진 천체를 관측하려는 시도도 이루어지고 있다. 이러한 시도를 통해 빅뱅 직후의 젊은 우주, 나아가 미래의 우주에 대해 많은 지식을 얻을 수 있을 것으로 기대된다.

# 06

## '아인슈타인의 마지막 과제'란 무엇일까?

일반상대성이론에서는 중력을 '질량으로 생긴 공간의 휨'이라고 보았다. 이 생각을 연장하면 질량에 의한 휘어짐이 빛과 동일한 속도로 퍼져나가는 '중력파'라는 현상을 도출할 수 있다.

### 중력파의 발견

아인슈타인이 중력파의 존재를 예언한 이래 많은 과학자가 중력파를 발견하고자 힘썼다. 그러나 중력파는 매우 작아서 블랙홀 간, 혹은 중성자별 간의 병합처럼 거대한 질량이 움직인 경우에도 이로 인해 흔들리는 태양과 지구 사이의 거리 폭은 원자의 반경 정도에 불과하다고 한다.

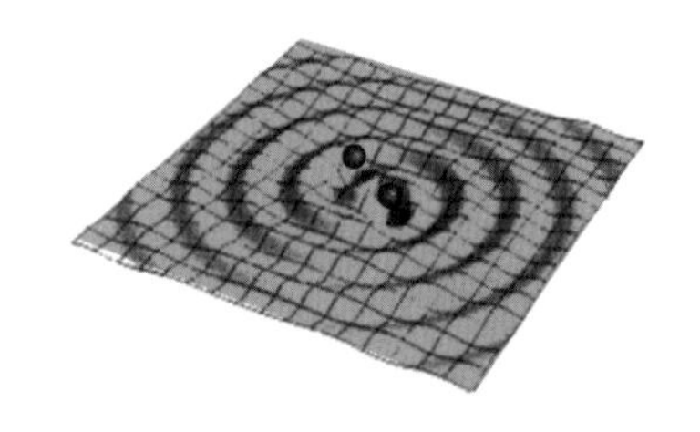

중력파

그러던 2015년 9월 14일, 마침내 '마지막 과제'가 해결되었다. 관측된 중력파는 지구에서 13억 광년 떨어진 2개의 블랙홀이 병합하면서 발생했다. 블랙홀 1개의 질량은 태양의 36배, 또 다른 하나는 29배였다고 한다.

그런데 병합 결과 생긴 새로운 블랙홀의 질량은 태양의 62배였다. 62배라는, 무려 태양 3개 분량의 질량이 앞서 등장한 '$E = mc^2$'이라는 식에 따라 에너지로 변환되면서 중력파로 발사된 것이다. 그러나 이 정도로 거대한 변화였음에도 불구하고 관측된 공간의 휘어짐은 1mm의 1조분의 1의 100만분의 1 정도였다.

중력파를 관측한 LIGO

칼럼

## LIGO

LIGO(라이고, Laser Interferometer Gravitational-Wave Observatory)는 영어 이름을 직역하면 '레이저 간섭계 중력파 관측소'다. 아인슈타인이 존재한다고 주장했던 중력파를 검출하기 위해 설립된 대규모 관측 시설이다.

2016년 2월 11일, LIGO의 연구자는 2015년 9월 14일 9시 51분(협정 세계시)에 중력파를 검출했다고 발표했다. 이 중력파는 지구에서 13억 광년 떨어진 2개의 블랙홀(각각 태양 질량의 36배, 29배)이 충돌 병합하면서 발생했다. 발견에서 발표까지 5개월이란 시간이 걸린 이유는 관측 결과를 해석하는 데 시간이 필요했기 때문이다.

# 제 8 장

# 입자성과 파동성

# 01 빛은 파동? 전자는 입자?

17세기에 등장한 뉴턴 역학은 당시 '물리학적인 모든 문제를 명쾌하게 해결'한 것처럼 보였다. 그러나 이후 '전자기파' '빛' '전자'에 관한 문제가 제기되었고, 당시 학계를 크게 뒤흔들었다.

## 빛은 파동

논란이 된 문제 중 하나가 '빛과 전자의 관계'였다. 빛에는 파동의 성질이 있고, 파동이기 때문에 '파장' λ(람다)와 '진동수' ν(뉴)가 있다.

또 빛이 파장임을 증명하는 예로 자주 거론되는 것이 **'회절 현상'**이다. 회절 현상을 다음 실험을 통해 살펴보자.

그림 A와 같이 평평한 판자에 뚫은 구멍 2개로 빛을 통과시킨다. 그러면 구멍을 통과한 빛은 구멍을 중심으로 반원 모양으로 퍼진다. 또 구멍 2개를 연결한 선 위에서의 빛의 강약을 그래프로 나타내면

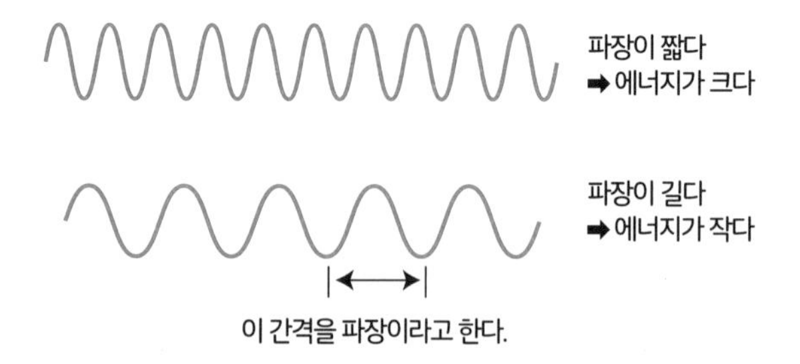


빛에는 파장과 진동수가 있다

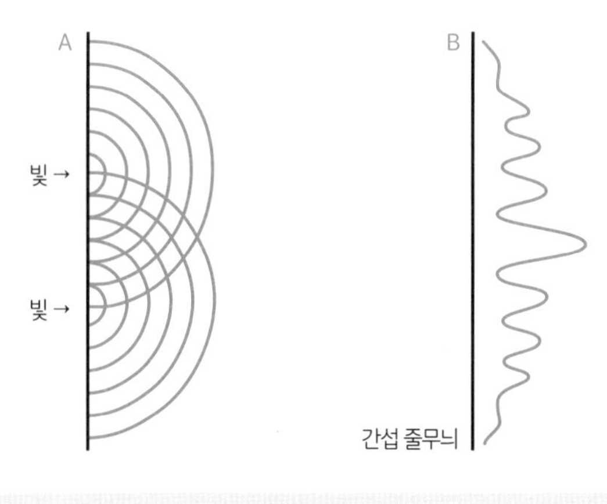


그림 A · B

그림 B와 같이 기복이 심한 좌우 대칭 모양이 된다.

## 빛의 간섭

또 하나 유명한 문제가 있는데 둘 이상의 광파가 포개져 서로 세게 하거나 약하게 하는 **'빛의 간섭'**이다. 빛의 간섭은 색깔 변화로 나타난다. 우리 생활과 밀접한 사물을 예로 들면, 보석 오팔과 나비의 일종인 '몰포나비'의 날개 색깔, 열대어 코발트 자리돔, 인간의 파란색 눈동자, 그리고 CD 표면의 무지개색 등에서 일어난다.

오팔

위의 그림 A로 빛의 간섭을 설명할 수 있다. 구멍 2개에서 나온 각각의 원호가 포개지면 마루와 마루, 마루와 골, 골과 골이 합쳐지면서 강약의 리듬이 나타난다. 이 강약을 표시한 것이 앞에 나온 그림 B다.

몰포나비

마지막은 '전자'에 관한 문제였다. 당시 물리학계에서는 '전자는 입자인가, 파동인가?'라는 문제가 큰 논쟁거리였다. 이 논쟁을 결착시키는 데 큰 역할을 한 장치가 '안개 상자'라 불리는 원시적인 실험 장치였다.

### 안개의 낙하 속도

오른쪽 그림이 안개 상자다. 그림 A의 진공 상자(안개 상자) 속에 입자 크기가 균일하고 아주 작은 안개를 만든다. 그러면 안개 입자는 시간이 지나면서 중력에 의해 낙하한다. 안개 입자는 크기가 균일하기 때문에 이때 낙하 속도는 어느 입자나 거의 같다.

그림 B는 안개 상자에 전류를 통과시켰을 때의 모습이다. 전류가 통하면 안개 입자의 낙하 속도에 차이가 발생하는데 정리하면 다음과 같다.

① 아무런 변화 없이 그림 A와 동일한 속도 v로 낙하하는 입자

② 식 '$V = v + v_0$'으로 나타낼 수 있는, 속도가 명백히 증가한 입자

③ 식으로 나타내면 '$V = v + 2v_0$'인 ②보다 $v_0$만큼 더 빨라진 입자

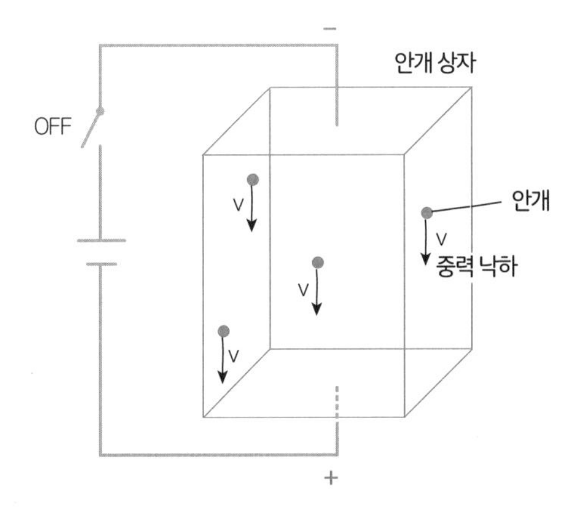


그림 A

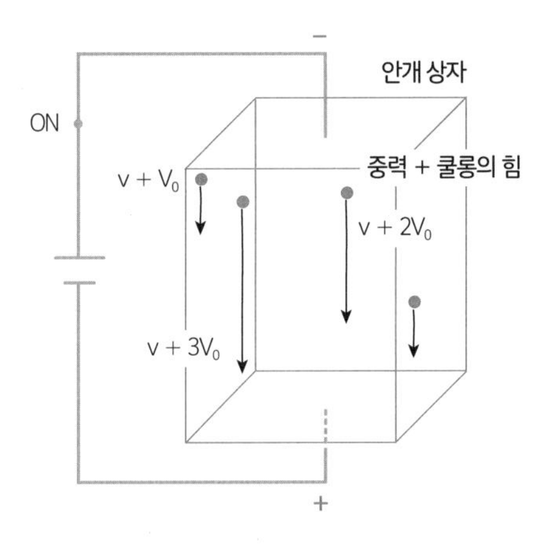


그림 B

④ 식으로 나타내면 'V = v + $3v_0$'인 ②보다 $2v_0$만큼 빨라진 입자

즉 '$v_0$'을 단위로 낙하 속도가 증가한다.

### 전자 부착

이러한 현상의 원인은 **'안개 입자에 전자가 붙었기 때문'**이라고 생각해볼 수 있다. 또 낙하 속도가 변화하는 모습으로 미루어 볼 때 안개 입자에 붙은 전자는 1개, 2개, 3개…처럼 셀 수 있는 '입자'임을 알 수 있다. 이로써 **'전자는 입자다'**라는 사실이 입증된 것이다.

### 빛도 입자라고?

그림 C는 '광전관'이라 불리는 장치다. 음극(−극)에 빛을 비추면 전자가 튀어나오고, 이 전자를 양극(+극)이 흡수하는 구조인데, 전자가 흡수되는 순간의 강도에 따라 전류가 흐른다.

옛날 '발성 영화'에서는 영화의 영상 필름 한쪽에 붙은 '음성 파일'에 빛의 농담을 달리해 음성을 기록한 뒤 광전관을 사용해 전류로 변환시켜 재생했다.

그림 D는 빛의 양(C)과 전류량(I)의 관계를 나타낸 것이다. 빛의 양이 증가할수록 전류의 양도 증가한다. 앞서 살펴보았듯이 '전자는 입자다'라는 사실을 생각하면 이것은 '튀어나오는 전자의 수가 증가했다'는 이야기가 된다. 빛의 양(광량)과 전자 개수(전류량)가 비례한다는 사실은 바꿔 말하면 '빛에도 전자처럼 입자성이 있음'을 의미

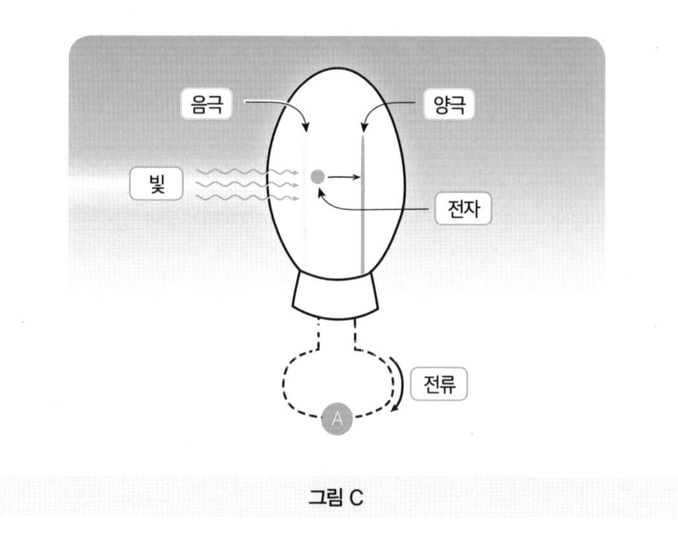


그림 C

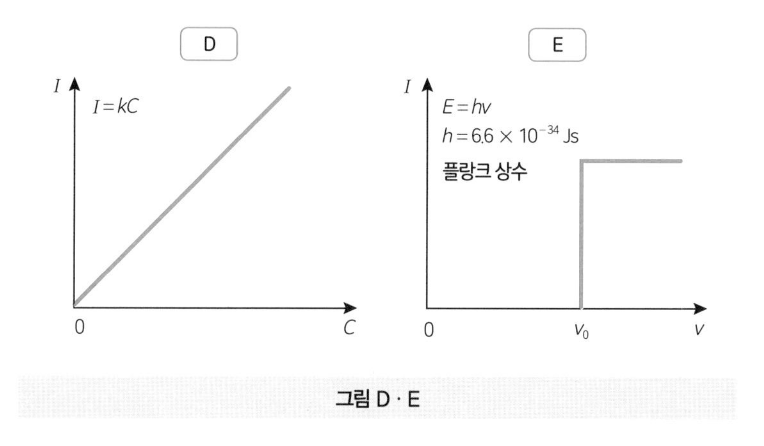


그림 D · E

한다.

그림 E는 빛의 진동수(v)와 전류량(I)의 관계를 나타낸다. 파동으로서의 빛 에너지를 나타내는 식이 'E = hv'임을 기억하면, '진동수가 $v_0$보다 큰 빛이 아니면 전자는 튀어나오지 않는다'는 사실을 이 그림으로 알 수 있다. 이 그림에서는 진동수가 $v_0$보다 작을 때는 전류 I가 전혀 흐르지 않다가 $v_0$을 넘는 순간 흐르기 시작한다.

이처럼 **빛에는 '파동으로 설명되는 성질'과 '입자로 설명되는 성질' 모두가 있다.** 아인슈타인은 "빛은 'E = hv'라는 식으로 표현되는 진동수에 비례하는 에너지를 가진 입자 집단"이라고 보고 이 입자를 **'광양자(광자)'**라고 부르기로 했다.

# 02 물질에는 '파동'의 성질이 있을까?

루이 드브로이는 거듭된 실험의 결과 "모든 물질은 '입자로서의 측면'과 '물결(파동)로서의 측면'을 함께 가지고 있다"고 생각하고, 1924년 '물질파' 이론을 학회에 보고했다.

## 물질파의 한계

루이 드브로이

파동이라면 '파장' λ(람다)를 가져야 한다. 루이 드브로이[1]는 다음과 같은 공식을 세웠다.

$$\lambda = h/mv$$

이 공식에 따르면 파장은 '물질이 무겁고 속도가 빠를수록' 짧아지고, '가볍고 느릴수록' 길어진다.

참고로 이 공식에 대입해보면 체중 66kg인 사람이 시속 3.6km(초속 1m)로 걸을 때, 이 사람이 내는 파장은 $10^{-25}$m다. 이 파장은 너무 짧아서 현대과학에서도 측정할 수 없는 값이다. 이에 반해 전자의 경우, 실측 질량 $10^{-30}$kg, 속도 초속 $10^{8}$m(10만 km)를 대입하면 파장은

1 루이 빅토르 피에르 레몽 드브로이(1892~1987년) 프랑스의 이론물리학자, 공작.

$6.6 \times 10^{-12}$m가 된다. 이 파장은 엑스레이 사진을 찍는 X선의 파장과 비슷한 길이라서 파동으로서 충분히 인식할 수 있다.

### 입자성과 파동성

물질의 성질을 나타내는 두 단어 '입자성'과 '파동성'은 전혀 다른 성질이라서 두 성질을 '동시에 가진' 존재를 상상하기란 매우 어렵다.

박쥐에 대해 설명하는 장면을 떠올려보자. '포유류인 쥐와 조류인 참새의 특징을 모두 가진 동물'이란 식으로 설명하지 않는가? 그러나 박쥐는 쥐도 참새도 아니다. 박쥐의 성질 중 하나를 설명할 때는 쥐를 예로 들면 편하고, 다른 성질을 설명할 때는 참새를 예로 들면 편하다는 것뿐이다. '광자' '전자' '원자' '분자' 등도 마찬가지다. **광자, 전자 모두 서로 이질적 존재인 입자와 파동이 합체한 상상 속 생물 같은 존재가 결코 아니다.**

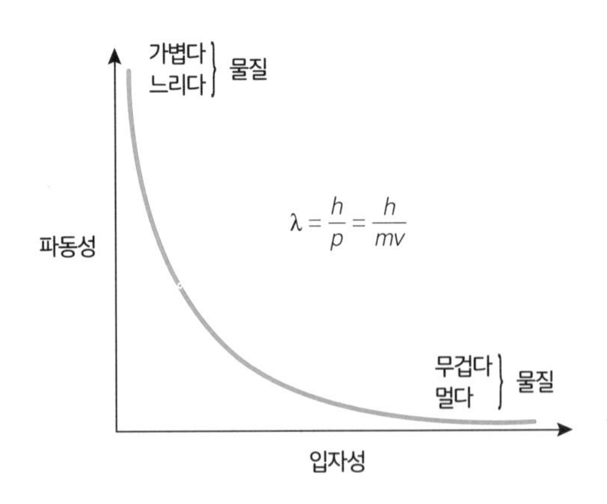


빛의 진동수와 전류량

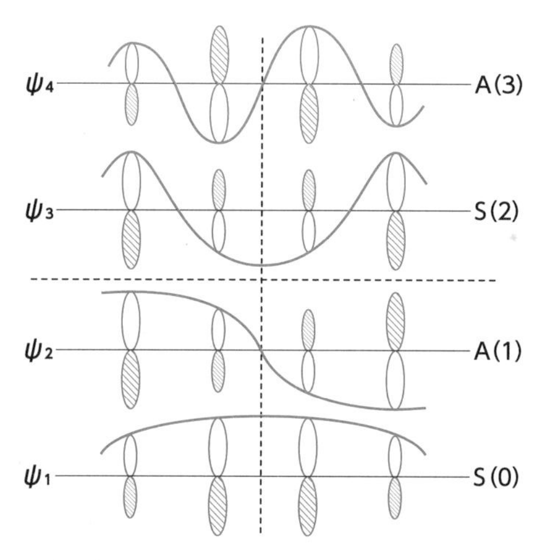


부타디엔($H_2C = CH - CH = CH_2$) 전자구름의 파동 표현

**부타디엔 전자구름의 움직임과 기능**

참고로 양자론의 일종인 양자화학에서는 전자를 오직 '파동'으로만 취급한다.

위 그림은 단일 결합과 이중 결합이 교대로 결합한 화합물인 부타디엔의, 단일 결합과 이중 결합이 연속하는 부분(켤레 이중 결합)을 구성하는 '전자구름의 움직임, 기능'을 파동으로 나타낸 것이다.

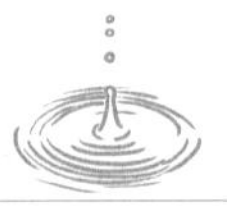

03

## '양자화'란 무엇일까?

20세기 초 물리학계에 등장해 당시 성행하던 뉴턴 역학을 대신한 이론이 '상대성이론'과 '양자론'이다. 양자론의 특징은 '에너지의 양자화'와 '불확정성 원리'다.

### 에너지의 양자화

양자론에서 말하는 '양자'는 '양이 연속적이지 않고 따로따로 떨어져 있다'. 다시 말해 **'띄엄띄엄한 값만 가진다'**는 뜻이다. 예를 들어 생각해보자. 수도꼭지에서 나오는 물은 '1개' '2개' 하는 식으로 셀 수 없는 '연속하는 양'으로 흐른다. 그래서 얼마든지 자유롭게 뜰 수 있다.

그러나 자동판매기에서 파는 물은 정해진 용량의 용기에 담아 판매한다. 이를테면 500mL 페트병의 경우 0.87L가 필요해도 1L를 사야 하고, 1.01L를 원해도 1.5L를 사야 한다. 이처럼 연속하는 양을 띄엄띄엄한 값으로 나타내는 것을 '양자화'라고 한다.

### 각도의 양자화

양자론에 따르면 '각도'에도 '양자'라는 단위량이 존재한다. 각도의 양자화를 팽이 운동을 사용해 생각해보자. 팽이는 회전 속도가 떨어지면 축이 기울면서 '옆돌기 운동(세차 운동)'을 시작한다. 이때 우리가 사는 보통 세계에서는 축의 각도 $\theta$(세타)가 연속적으로 변화하다가 마지막에는 쓰러지면서 멈춘다. 그러나 미립자 세계에서는 15도, 30도, 45도처럼 띄엄띄엄한 값의 각도만 허락된다. 이러한 생각은 후에 원자 안에 전자가 들어가는 '궤도(전자구름)의 형태'로 시각화되었다.

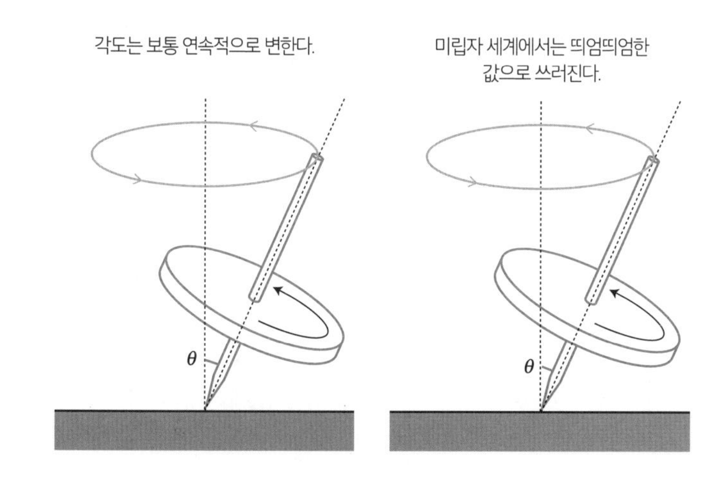


팽이의 옆돌기 운동

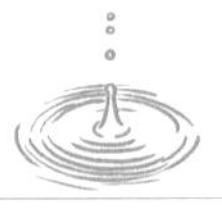

## 04 빛도 양자화할 수 있을까?

양자화는 고전적인 물리량을 양자역학적인 양으로 바꾸어 놓기 위한 조작의 하나인데, 일상생활 속에서 체험할 기회는 별로 없다. 이때 단서가 되는 것이 빛의 성질이다.

### 햇볕에 탄 피부

여름에 강한 햇볕이 내리쬐는 곳에 있으면 피부가 탄다. 심할 때는 등 피부가 벗겨지기도 한다. 그러나 집 전등불 아래에서는 피부가 타거나 하지 않는다.

피부가 타는 원인은 '자외선'이라 불리는 고에너지의 광자 때문이다. 밝게 비추기만 하는 가시광선의 광자에는 고에너지가 없다.

이는 광자가 가진 에너지가 양자화되어 있기 때문이다. 광자는 진동수에 비례한 고유한 양의 에너지만 가진다. 또한 저에너지의 광자를 몇 개 모아도 고에너지가 되지 않는다.

### 별이 보인다

눈 속 시세포에는 하나의 단백질 분자로 이루어진 용기가 있고 그 속에 '레티날'이라는 긴 막대 모양의 분자가 들어 있다. 레티날은 보통 굽은 상태로 있다가 광자가 부딪히면 쭉 펴진다. 이러한 변화를 용기 속 단백질이 감지해 전기 에너지로 바꾼 뒤 시신경에 정보로서 전달하고, 정보가 뇌에 도달하면 빛을 느낀다. 우리가 사물을 볼 수 있는 것은 바로 이러한 메커니즘 때문이다.

레티날의 구조를 변화시키는 데 필요한 에너지는 양자화되어 있다. 어느 일정 이상의 에너지가 없는 한 레티날은 절대로 구조 변화를 일으키지 않는다. 이 에너지를 가진 광자가 가시광선을 구성하는 광자인 것이다.

우리는 어두운 밤하늘의 별을 볼 수 있다. 이것은 별에서 나오는 빛이 레티날의 구조를 변화시키기에 충분한 에너지를 가지고 있기 때문이다. 눈은 카메라처럼 '노출 시간을 길게 하면 어두운 것까지 보이는' 방식으로 사물을 보지 않는다.

# 05 아인슈타인이 끝까지 인정하지 않은 이론?

아인슈타인이 끝까지 인정하지 않았던 이론이 있는데, 바로 1927년 독일의 과학자 베르너 하이젠베르크가 제안한 '하이젠베르크의 불확정성 원리'다.

## 미립자는 희미하다

하이젠베르크

불확정성 원리는 "미립자의 세계에서 '위치와 운동량을 동시에 정확히 측정하는 것'은 불가능하다"는 이론이다. 즉 '**특정 입자가 가진 운동량을 정확히 표현하려고 하면 그 입자의 위치는 애매해질 수밖에 없다**'는 것이다.

불확정성 원리를 비유로 생각해보자. 입학식 등에서 기념 사진을 찍을 때 학생들은 계단 등에 올라가 앞뒤로 여러 줄을 만들어 나란히 선다. 당연히 카메라로부터의 거리는 줄에 따라 다르다.

이때 피사체를 해상도가 낮은 예전의 '뉴턴 카메라'로 찍으면 앞뒤 학생 모두 '그런대로 괜찮은 선명도'로 찍힌다. 그러나 초점이 희미해지기 때문에 학생 한 명 한 명의 얼굴 표정은 선명하지 않다.

## 양자 카메라

같은 사진을 최신식 고해상도 '양자 카메라'로 찍으면 이야기가 달라진다. 초점을 앞 학생에게 맞추고 찍으면 그 학생은 또렷하고 선명하게 찍히지만 뒤에 있는 학생은 초점이 흐려진다. 반대로 뒤에 있는 학생에게 초점을 맞추면 이번에는 앞 학생 얼굴이 흐려진다. 즉 양자 카메라에서는 앞 학생과 뒤 학생이라는 '두 개의 양'을 동시에 측정

뉴턴 카메라와 양자 카메라, 각 카메라로 사진을 찍어보면?

할 수 없다.

현대과학에서는 '전자의 작용' 즉 '입자 운동'을 운동량으로 표현하는데, 그러면 이 입자가 어디에 있는지는 알 수 없게 된다. 전자가 존재하는 위치와 원자·분자의 형상은 대략의 형태로밖에 표현할 수 없다. 원자나 분자를 이야기할 때 반드시 나오는 '전자구름'은 여기서 나왔다.

그런데 아인슈타인은 이러한 애매함이 꺼림직했던 모양이다. "전자가 어디에 있는지는 도박 같은 것"이라는 말에 아인슈타인은 "신은 도박을 싫어한다"고 말했다고 한다.

칼럼

## 하이젠베르크의 불확정성 원리 유도하기

불확정성 원리를 식으로 나타내면 다음과 같다. 즉 위치의 측정 오차를 $\Delta P$, 운동량의 측정 오차를 $\Delta Q$라고 했을 때 둘의 곱은 $h/4\pi$보다 크다는 것이다.

$$\Delta P \times \Delta Q > h/4\pi$$

$h$는 플랑크 상수이며 당연히 0은 아니다. 따라서 이 식은 만약 $\Delta Q = 0$이면 $\Delta P$는 무한대가 된다. 즉 운동량을 정확히 측정하면 위치의 오차는 무한대, 다시 말해 입자가 어디에 있는지 전혀 알 수 없게 됨을 나타낸다.

# 제 9 장

# 우주를 구성하는 물질

# 우주의 기원은?

현대과학은 우주에 '시작점이 있다'고 단언한다. 허블의 관측으로 우주가 팽창한다는 것이 밝혀진 후 새로운 우주론이 제기된 것이다.

## 빅뱅

현대과학은 138억 년 전에 발생한 '빅뱅'이라 불리는 엄청난 규모의 대폭발이 우주의 기원이라고 본다. 빅뱅은 우주뿐 아니라 공간과 시간 등 '모든 것'의 시작이었다. 또 빅뱅 전에는 공간, 시간뿐 아니라 질량도 없었다. 질량도 없었다니 도저히 상상할 수 없는 이야기라고 생각하겠지만, 현대 최첨단 과학인 '상대성이론' '양자역학', 그리고 이 둘을 종합한 '소립자론' 모두가 한목소리로 긍정하는 사실이다. 참고로 빅뱅 관련 계산은 수치가 조금만 틀려도 '수십억 년 단위가 순식간에 바뀐다'고 하는데, '138'이라는 구체적인 숫자가 어떻게 나왔는지 신기할 따름이다.

## 빅뱅으로 흩어진 파편

우주는 빅뱅 때 쏟아져 나온 파편들로 이루어져 있다. 파편의 구성물은 **'전자' '양성자' '중성자'** 등이다.

빅뱅 이후 가장 먼저 탄생한 물질은 양성자 1개로 이루어진 수소 원자핵이다. 그 후 양성자와 중성자가 결합해 헬륨 원자핵이 생겼고 약 38만 년 후 전자가 양성자에 붙잡혀 수소 원자가 만들어지면서 마침내 헬륨 원자도 탄생하게 되었다. 그래서 지금도 우주에 수소가 압도적인 비율로 많고 그다음이 헬륨이다.

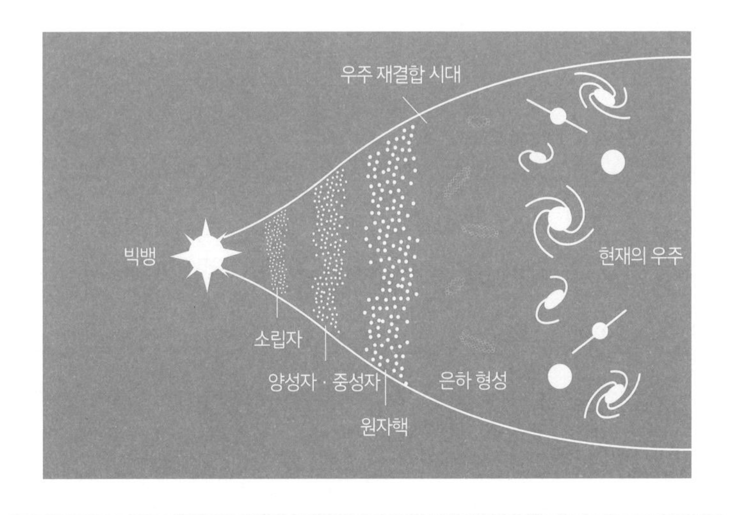


**빅뱅**

## 항성은 어떻게 탄생했을까?

빅뱅으로 우주가 생성될 당시 우주는 수소 원자로 가득했다. 이 수소 원자가 모여 태양 등의 항성이 탄생했다.

### 수소 원자 안개

탄생한 지 얼마 안 된 우주에는 '전자' '양성자' '중성자', 수소 원자, 그리고 아주 소량의 헬륨 원자 등이 안개처럼 자욱이 깔려 있었다.

그러다 이윽고 안개가 짙은 곳과 옅은 곳이 생기기 시작했다. 짙은 곳은 서서히 구름 모양으로 변하면서 중력도 커졌다. 중력이 커지면 주위 안개도 그쪽으로 붙게 된다.

여러 안개를 끌어당기며 점점 규모가 커지는 동안 구름의 중심은 압축되고 압력도 커진다. 그러면 점차 **'단열 압축'** 현상이 일어나고 온도가 높아진다. 여기에 원자 등의 입자 간의 충돌·마찰로 인한 발열까지 더해져 구름의 중심은 몇만 도, 몇천 기압까지 올라가는 고온 고압 상태가 된다.

### 원자핵 융합

이 같은 고온 고압 상태에서 시작되는 반응이 **'원자핵 융합'**이다. 원자핵 융합은 작은 원자핵 2개가 융합해 커다란 원자핵 하나가 되는 것을 말한다. 원자 번호 1번인 수소 원자 구름 속에서 핵융합이 일어나면 수소 원자핵 2개가 결합해 원자 번호 2번인 헬륨 원자핵이 탄생한다.

또 원자핵 융합 발생 시 '원자핵의 질량 m의 일부가 결손된다'는 특징이 있는데, 질량 결손은 아인슈타인의 방정식 '$E = mc^2$'에 의해 막대한 에너지로 변한다.

이 에너지로 인해 수소 구름은 몇십만 도에 달하는 고온 상태가 되고 마침내 우주에서 밝게 빛나는 '항성'이 된다. **우리가 밤하늘에서 보는 로맨틱한 별들은 사실 '천연 원자로'인 셈이다.**

수소 원자 안개가 구름이 되고 마침내 항성이 된다

03

## 원자는 어떻게 태어나 성장할까?

지구 자연계에는 원자 번호 1번인 수소 원자부터 92번인 우라늄 원자까지 약 90종류의 원소가 존재한다. 빅뱅 직후 수소와 헬륨 두 종류밖에 없었던 원소는 어떻게 늘어나게 되었을까?

### 항성은 '원자의 요람'

원소 종류가 늘어난 이유는 항성이 **'원자의 요람'** 역할을 충실히 했기 때문이다. 원자는 이 '요람'의 보호를 받으며 성장해 점차 커졌다.

수소 원자 구름의 온도가 올라가고 핵융합이 일어나자 원자 번호 1번인 수소 원자 H 2개가 융합해 원자 번호 2번인 헬륨 원자 He가 되었다.

핵융합으로 수소 원자가 얼마 남지 않게 되자 이번에는 헬륨 원자가 핵융합을 해서 원자 번호 4번인 베릴륨 원자 Be가 되었다. 또는 헬륨과 수소가 융합해 원자 번호 3번인 리튬 원자 Li가 되는 반응이 일어나기도 했다. 이와 같은 단계를 밟으며 항성 안에서는 커다란 원자가 속속 탄생했다.

### 원자핵의 에너지

모든 물질은 고유한 에너지와 원자핵을 가지고 있다. 오른쪽 그림은 원자핵이 가지고 있는 에너지와 원자 번호의 관계를 나타낸 그래프

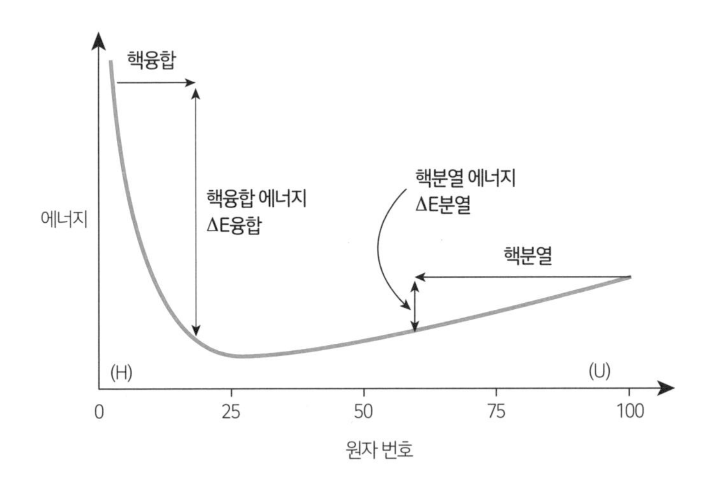


원자핵이 가지고 있는 에너지와 원자 번호의 관계

원자핵이 쪼개질 때 큰 에너지가 발생한다.

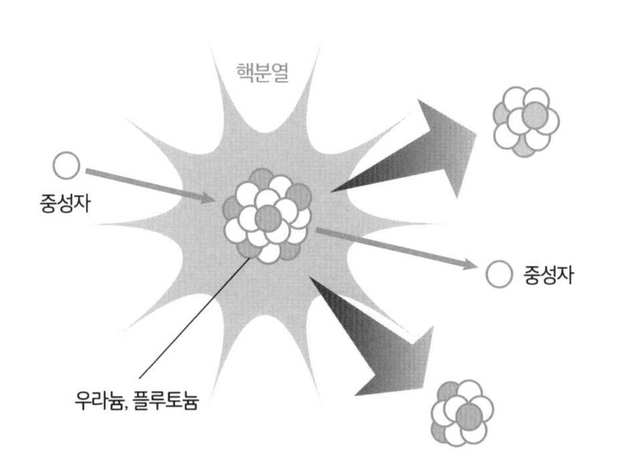


핵분열

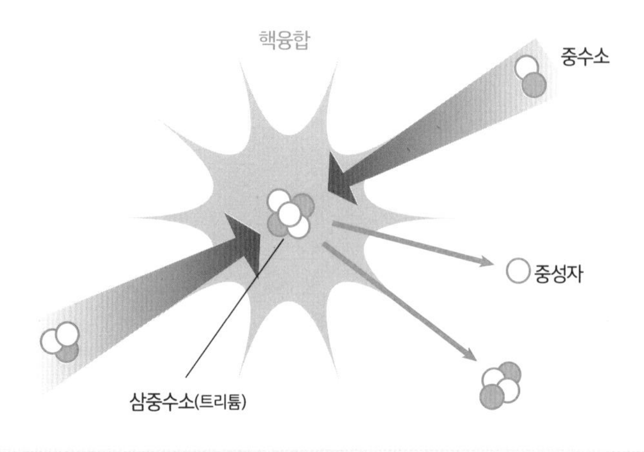


핵융합

다. 그래프 위로 갈수록 '고에너지, 불안정', 아래로 갈수록 '저에너지, 안정'을 가리킨다.

이 관계는 일상생활에서 경험하는 '위치 에너지'와 동일하다. 2층은 1층보다 에너지가 커서 2층에서 뛰어내리면 이때 방출하는 2층과 1층 사이의 에너지 차이 때문에 부상을 입는다.

앞의 그림에서 수소처럼 작은 원자도 우라늄처럼 큰 원자도 모두 고에너지이고 불안정하다는 사실을 알 수 있다. 그림에 따르면 원자핵을 쪼개 작게 만들면(핵분열) 에너지 차이가 방출된다. 이 에너지를 '핵분열 에너지'라고 부르며 원자력 발전이나 핵무기에 사용된다.

반대로 작은 원자핵을 융합할 때도 에너지가 방출된다. 이 에너지는 '핵융합 에너지'라고 하는데 수소폭탄과 핵융합로에 사용된다. 태양 등의 항성을 빛나게 하고 열과 빛을 지구에 보내는 것도 핵융합 에너지다.

칼럼

## 원자핵 반응

원자핵 반응에는 우라늄처럼 큰 원자핵이 분열하는 '핵분열 반응'과 수소처럼 작은 원자핵이 융합해서 큰 원자핵이 되는 '핵융합 반응'이 있다. 원자력 발전에는 핵분열 반응을 이용한다. 양쪽 반응 모두 막대한 에너지가 발생하는데, 사실 '핵융합 반응' 때 더 큰 에너지가 발생한다.

핵융합을 일으키기 위해서는 최소 다음 세 가지 조건을 만족해야 한다.

① 1억 도 이상의 고온
② $1cm^3$에 100조 개의 원자핵이 존재할 것
③ ①, ②의 조건을 1초간 유지할 것

위 세 가지 조건을 '로손 조건'이라고 한다.

우리 주위에서 핵융합 반응이 활발한 곳 중 하나가 태양이다. 예전에 인류도 수소폭탄을 개발하는 과정에서 인위적으로 실시한 바 있다. 그러나 아직 평화적으로 이용하는 단계에는 이르지 못했고, 완성되려면 앞으로 수십 년이 더 걸릴 것으로 보인다.

우리 생활과 가까운 영역 중에는 발전 용도로 연구가 진행 중인 '토카막형'이라는 방식의 장치가 유망하다. 단, 조건이 까다로운 만큼 실용화까지 갈 길이 멀다. 현재 레이저 열로 핵융합을 일으키는 '레이저 핵융합'과 같은 시도도 진행 중이다.

# 04 별에도 수명이 있을까?

앞 절에서 살펴본 그래프를 통해 '원자핵이 가진 에너지에는 극소치가 있다'는 사실을 알 수 있다. 다시 말해 '별에는 일생, 즉 수명이 있다'는 뜻이다.

## 철의 생성

항성이 빛나고, 그 열과 에너지로 새로운 원자가 탄생하는 것은 '원자의 핵융합으로 핵융합 에너지가 발생하기 때문'이다. 이 에너지를 사용해 다음 핵융합이 발생하는, 즉 **'핵융합 연쇄 반응' 덕분에 별은 빛난다.**

또 핵융합 에너지는 별을 만드는 수소 등의 원자가 별의 중력에 이끌려 안쪽으로 낙하해 별이 찌그러지는 위험으로부터도 지켜준다.

그런데 이렇게 만들어진 원자핵이 원자 번호 25번 근처, 특히 원자 번호 26번 철이 되면 '아무리 핵융합이 일어나도 에너지가 발생하지 않는' 상태가 된다.

## 항성의 수축

에너지를 만들 수 없게 된 별은 그 크기를 유지하기가 어려워진다. 자신의 막대한 중력을 버틸 수 없기 때문이다. 그 결과 **별은 중력에 이끌려 무시무시한 감소폭으로 수축**한다. 그러다 마지막에는 원자핵 주위를 둘러싼 '전자구름'을 구성하는 전자가 원자핵 속으로 빨려들어가버린다. 전자가 원자핵 속으로 들어가버리면 항성은 전하가 없는 '중성자'로 변한다.

## 큰 원자의 탄생

원자와 원자핵의 직경 비율은 대략 **1만 : 1**이다. 가령 지구만한 크기의 항성이 중성자 행성이 되면 직경이 약 1km로 줄어들고 만다.

또 중성자별이 되기 전, 별은 에너지 균형이 깨지면서 대폭발을 일으킨다. 이를 **'초신성 폭발'**, 이때의 별을 **'초신성'**이라고 부른다. 초신성일 때 별 안에서는 중성자 폭풍이 불어 닥치고 이때 발생한 중성자는 모두 철 원자핵에 돌진한다.

원자핵을 구성하는 '양성자'와 '중성자' 사이에는 균형을 유지하는 최적의 개수가 있다. 중성자가 증가해 균형이 깨진 원자핵에서는, 이번에는 중성자가 전자를 없애 양성자가 된다. 원자 번호는 양성자 개수를 가리키므로 원자 번호는 점점 커진다. 철 원자도 점점 커진다. 우주에 철보다 원자 번호가 큰 원자가 존재하는 것은 이러한 이유에서다.

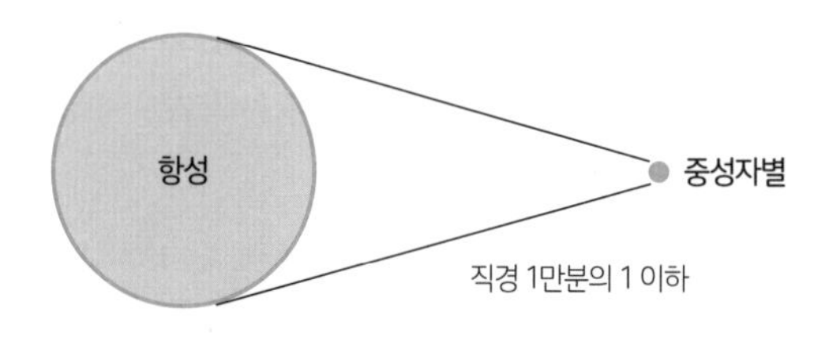


항성과 중성자별의 크기 비율은 1만 : 1

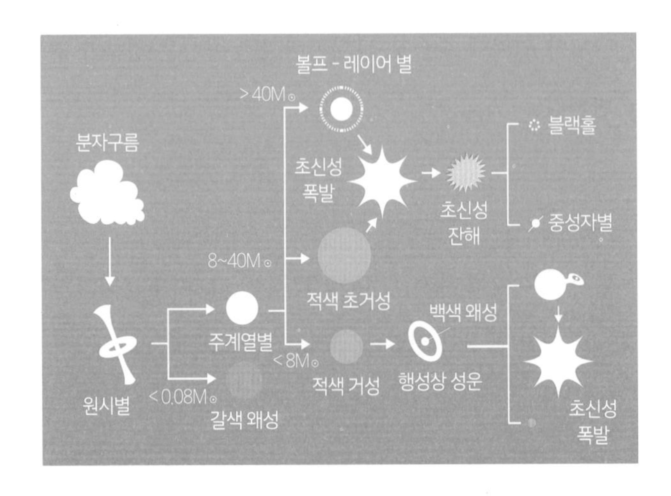


**별의 일생**

칼럼

## 주기율표

주기율표란 '자연계에 존재하는 90종류의 원소와 인공적으로 만들어낸 약 30종의 원소를 합친 118종의 원소를 원자 번호 순으로 배열하고 적당한 곳에서 접은 표'를 말한다.

주기율표 윗부분에는 1~18까지의 숫자가 달려 있다. 이 숫자를 '족(族) 번호'라고 하며 각 숫자 밑에 나열된 원소 무리를 '1족 원소' '2족 원소' 등으로 부른다. 또 표 왼쪽에 위치한 1~7까지의 숫자를 주기 번호라고 한다.

주기율표는 달력과 비슷하며 족은 요일에 해당한다. 같은 족에 속한 원소는 서로 성질이 비슷하다.

또 3족의 6주기는 '란타노이드'라고 되어 있는데, 란타노이드는 원소 집단의 이름이다. 모두 15종의 원소로 구성되어 있다. 원래는 각 원소마다 1칸,

즉 총 15칸이 나열되어 있어야 하지만, 그러면 표가 가로로 너무 길어진다. 그래서 궁여지책으로 주기율표 밑에 마치 부록처럼 추가하는 것이 관례다. 3족의 7주기 '악티노이드'도 마찬가지다.

**주기율표**

| 주기 | 1 | 2 | 3 | 4 | 5 | 6 | 7 | 8 | 9 | 10 | 11 | 12 | 13 | 14 | 15 | 16 | 17 | 18 |
|---|---|---|---|---|---|---|---|---|---|---|---|---|---|---|---|---|---|---|
| 1 | H 1 Hydrogen 수소 | | | | | | | | | | | | | | | | | He 2 Helium 헬륨 |
| 2 | Li 3 Lithium 리튬 | Be 4 Beryllium 베릴륨 | | | | | | | | | | | B 5 Boron 붕소 | C 6 Carbon 탄소 | N 7 Nitrogen 질소 | O 8 Oxygen 산소 | F 9 Fluorine 플루오린 | Ne 10 Neon 네온 |
| 3 | Na 11 Sodium 나트륨 | Mg 12 Magnesium 마그네슘 | | | | | | | | | | | Al 13 Aluminum 알루미늄 | Si 14 Silicon 규소 | P 15 Phosphorus 인 | S 16 Sulfur 황 | Cl 17 Chlorine 염소 | Ar 18 Argon 아르곤 |
| 4 | K 19 Potassium 칼륨 | Ca 20 Calcium 칼슘 | Sc 21 Scandium 스칸듐 | Ti 22 Titanium 타이타늄 | V 23 Vanadium 바나듐 | Cr 24 Chromium 크로뮴 | Mn 25 Manganese 망가니즈 | Fe 26 Iron 철 | Co 27 Cobalt 코발트 | Ni 28 Nickel 니켈 | Cu 29 Copper 구리 | Zn 30 Zinc 아연 | Ga 31 Gallium 갈륨 | Ge 32 Germanium 저마늄 | As 33 Arsenic 비소 | Se 34 Selenium 셀레늄 | Br 35 Bromine 브로민 | Kr 36 Krypton 크립톤 |
| 5 | Rb 37 Rubidium 루비듐 | Sr 38 Strontium 스트론튬 | Y 39 Yttrium 이트륨 | Zr 40 Zirconium 지르코늄 | Nb 41 Niobium 나이오븀 | Mo 42 Molybdenum 몰리브데넘 | Tc 43 Technetium 테크네튬 | Ru 44 Ruthenium 루테늄 | Rh 45 Rhodium 로듐 | Pd 46 Palladium 팔라듐 | Ag 47 Silver 은 | Cd 48 Cadmium 카드뮴 | In 49 Indium 인듐 | Sn 50 Tin 주석 | Sb 51 Antimony 안티모니 | Te 52 Tellurium 텔루륨 | I 53 Iodine 아이오딘 | Xe 54 Xenon 제논 |
| 6 | Cs 55 Cesium 세슘 | Ba 56 Barium 바륨 | 57-71 Lanthanoid 란타노이드 | Hf 72 Hafnium 하프늄 | Ta 73 Tantalum 탄탈럼 | W 74 Tungsten 텅스텐 | Re 75 Rhenium 레늄 | Os 76 Osmium 오스뮴 | Ir 77 Iridium 이리듐 | Pt 78 Platinum 백금 | Au 79 Gold 금 | Hg 80 Mercury 수은 | Tl 81 Thallium 탈륨 | Pb 82 Lead 납 | Bi 83 Bismuth 비스무트 | Po 84 Polonium 폴로늄 | At 85 Astatine 아스타틴 | Rn 86 Radon 라돈 |
| 7 | Fr 87 Francium 프랑슘 | Ra 88 Radium 라듐 | 89-103 Actinoid 악티노이드 | Rf 104 Rutherfordium 러더포듐 | Db 105 Dubnium 더브늄 | Sg 106 Seaborgium 시보귬 | Bh 107 Bohrium 보륨 | Hs 108 Hassium 하슘 | Mt 109 Meitnerium 마이트너륨 | Ds 110 Darmstadtium 다름슈타튬 | Rg 111 Roentgenium 뢴트게늄 | Cn 112 Copernicium 코페르니슘 | Nh 113 Nihonium 니호늄 | Fl 114 Flerovium 플레로븀 | Mc 115 Moscovium 모스코븀 | Lv 116 Livermorium 리버모륨 | Ts 117 Tennessine 테네신 | Og 118 Oganesson 오가네손 |

| | | | | | | | | | | | | | | | |
|---|---|---|---|---|---|---|---|---|---|---|---|---|---|---|---|
| Lanthanoid 란타노이드 | La 57 Lanthanum 란타넘 | Ce 58 Cerium 세륨 | Pr 59 Praseodymium 프라세오디뮴 | Nd 60 Neodymium 네오디뮴 | Pm 61 Promethium 프로메튬 | Sm 62 Samarium 사마륨 | Eu 63 Europium 유로퓸 | Gd 64 Gadolinium 가돌리늄 | Tb 65 Terbium 터븀 | Dy 66 Dysprosium 디스프로슘 | Ho 67 Holmium 홀뮴 | Er 68 Erbium 어븀 | Tm 69 Thulium 툴륨 | Yb 70 Ytterbium 이터븀 | Lu 71 Lutetium 루테튬 |
| Actinoid 악티노이드 | Ac 89 Actinium 악티늄 | Th 90 Thorium 토륨 | Pa 91 Protactinium 프로트악티늄 | U 92 Uranium 우라늄 | Np 93 Neptunium 넵투늄 | Pu 94 Plutonium 플루토늄 | Am 95 Americium 아메리슘 | Cm 96 Curium 퀴륨 | Bk 97 Berkelium 버클륨 | Cf 98 Californium 캘리포늄 | Es 99 Einsteinium 아인슈타이늄 | Fm 100 Fermium 페르뮴 | Md 101 Mendelevium 멘델레븀 | No 102 Nobelium 노벨륨 | Lr 103 Lawrencium 로렌슘 |

# 제 10 장

# 블랙홀

# 별은 어떻게 생을 마감할까?

앞 장에서는 항성에는 탄생과 성장의 시기가 있으며, 별은 핵융합을 토대로 성장하고, 항성이 자체 중력을 견디기 힘들어지면 수축, 폭발한다 등의 내용을 소개했다.

## 별의 크기와 종말

별이 생을 마감하는 모습은 각각의 크기(질량)에 따라 다르다. 다음 몇 가지로 나누어 살펴보자.

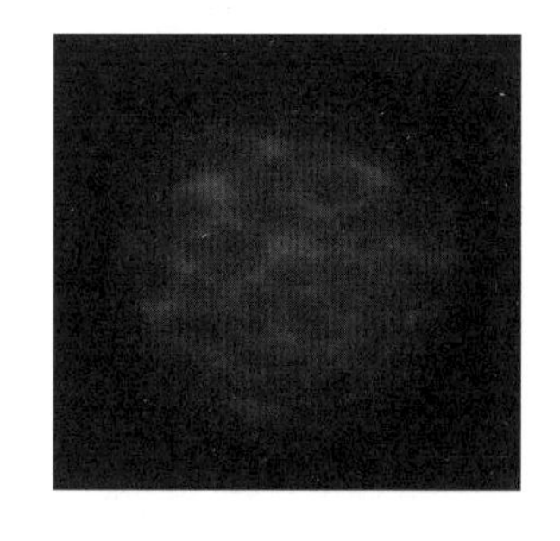

갈색 왜성

### a 무게가 태양의 0.08배 이하

무게가 태양의 0.08배 이하인 별은 너무 가벼워서 중력이 약하기 때문에 충분히 수축하지 못한다. 따라서 내부 압력이 약하고 밀도가 낮으며 온도도 오르지 않는다. 결과적으로 핵융합 반응을 일으켜 빛을 내는 '로손 조건'에 도달하지 못해 별은 점점 어두워진다. 이 같은 천체를 '갈색 왜성'이라 부른다.

### b 무게가 태양의 0.08~8배

태양과 질량이 비슷할 경우 우선 핵융합으로 생긴 헬륨이 별 중심부에 쌓이고 수소는 헬륨에 밀려나 별 바깥쪽에 모인다. 이 수소가 핵융합을 일으키면 별은 점점 팽창해 거대한 **'적색 거성'**이 된다.

팽창할 대로 팽창한 적색 거성은 외부에 작용하는 인력이 약해진다. 그리고 외부를 덮고 있는 기체는 우주로 빠져나간다. 마침내 별은 작아지고 새로이 **'백색 왜성'**으로 변한다.

태양 역시 언젠가 이러한 운명을 맞이할 것이다. 이때 태양의 밝기는 현재의 3,000배, 반경은 지구 공전 반경의 20% 이상이 될 것으로 추측된다. 따라서 지구는 태양에 먹히는 형국이 될 것이다. 그러나 이러한 일은 앞으로 76억 년 후에나 벌어질 것이다. 벌써부터 걱정할 필요는 없다.

### c 무게가 태양의 8~40배

앞 장에서 살펴본 별이 여기에 속한다. 마지막 단계에서 **'초신성 폭발'**을 일으키며 밝게 빛난다. '초신성'이라 불리는 상태다. 폭발 종료 후 남은 별을 **중성자별**이라고 하는데 직경은 처음 별 직경의 10만분의 1까지 작아진다.

우주에서 초신성 폭발은 결코 드문 사건이 아니다. 은하계 안에서만 봐도, 우주 탄생 때부터 지금까지 이미 1억 번 이상 일어난 것으로 추측된다. 계산 방법에 따라서는 '40년에 한 번꼴로 일어난다'는 주장도 있다.

최근에 발생한 초신성 폭발은 1987년 대마젤란성운에서 일어났는

데, 이때 발생한 '뉴트리노'가 일본의 뉴트리노 관측 시설 '가미오칸데'에서 검출되었다. 이 공로를 인정받아 2002년 일본의 고시바 마사토시 교수가 노벨 물리학상을 받았다.

# 02 일본에서 별 폭발을 관측했다고?

가미오칸데는 일본 기후현 북부 가미오카 광산 지하에 있는 관측 장치다. 우주에서 날아오는 '우주선'에 포함된 미립자 '뉴트리노'를 관측해 '양자 붕괴'를 증명할 목적으로 설립되었다.

슈퍼 가미오칸데

1983년 가미오카 광산[1]의 폐광을 개조해 완성한 가미오칸데는 지하 1,000m에 3,000톤의 정제수가 담긴 물탱크를 설치하고, 탱크 벽면에 매우 약한 빛을 전기 신호로 변환하는 '광전자 증배관'[2] 1,000개를 부착했다. 가미오칸데라는 이름은 소재지 '가미오카'와 '핵자 붕괴 실험(Nucleon Decay Experiment)'의 첫 글자 'NDE'를 합친 것이다.

가미오칸데는 왜 지하에 설치했을까? 그 이유는 뉴트리노의 특성 때문이다. 뉴트리노는 다른 입자에 비해 물체를 통과하는 힘이 매우 커서 지구에서조차 쉽게 통과되어버린다. 그래서 지하 깊숙한 곳에

1 아연 채굴로 유명했다. 정제 과정에서 나온 카드뮴이 근처 진즈 강에 폐기되면서 하류에 위치한 도야마에서 건강을 위협하는 대규모 피해가 발생했다. 후에 일본의 4대 공해병 중 하나인 '이타이이타이병'으로 인정받았다.

2 포토 멀티 플라이어관 또는 PMT라 부르기도 한다. 가미오칸데 건설을 위해 학술 연구용으로 직경 20인치(약 50cm) 관을 특별 제작했다.

시설을 설치해 뉴트리노 이외의 입자가 영향을 미치지 못하도록 한 것이다.

그러나 뉴트리노도 가끔 다른 물질과 부딪힐 때가 있다. 예를 들어 가미오칸데의 물탱크 속에서 뉴트리노가 전자와 부딪히면 충돌한 전자는 '체렌코프 광'이라는 푸른빛을 방출하는데, 이 빛을 광전자 증배관으로 검출해 그곳에 뉴트리노가 왔었다는 사실을 알 수 있다.

**1987년 가미오칸데는 지구에서 약 16만 광년 떨어진 대마젤란성운에서 초신성 폭발(SN 1987A)이 있었을 때 발생한 뉴트리노를 세계 최초로 검출했다. 그리고 뉴트리노에 질량이 있다는 사실을 밝혀냈다.** 이 공로로 2002년에 고시바 마사토시[3] 교수가 노벨 물리학상을 받았다.

현재는 역할을 마친 가미오칸데를 대신해 5만 톤의 물탱크를 보유한 대형·고성능 '**슈퍼 가미오칸데**'가 활약 중이다. 또 2021년에는 26만 톤의 물탱크를 설치한 '**하이퍼 가미오칸데**'의 건설이 본격적으로 시작되는 등 지금도 활발한 연구가 이루어지고 있다.

2015년에는 슈퍼 가미오칸데를 이용해 뉴트리노 관측에 성공한 가지타 다카아키 교수가 노벨 물리학상을 수상했다.

---

3 고시바 마사토시(1926~2020년) 아이치현 도요하시시 출신의 물리학자이자 천문학자. 도쿄대학 특별 영예교수, 명예교수. 1987년에 직접 설계를 지도·감독한 '가미오칸데'로 뉴트리노 관측에 성공했다. 이 공로를 인정받아 2002년에 노벨 물리학상을 받았다.

03

## 블랙홀이란 무엇일까?

무게가 태양의 40배가 넘는 별에서 초신성 폭발이 일어나면 별은 중심을 향해 한없이 수축한다. 상상을 초월하는 별의 수축에 대해 알아보자.

### 상상을 초월하는 별의 수축

초신성 폭발로 별이 얼마나 수축하는지 지구를 예로 들어보면, 현재 약 1만 3,000km인 지구의 직경이 1mm 이하로 줄어든다. 그야말로 상상을 초월한 기세가 아닐 수 없다. 이 같은 수축을 **'중력 붕괴'**라고 하며, 중력 붕괴의 결과물이 바로 '블랙홀'이다.

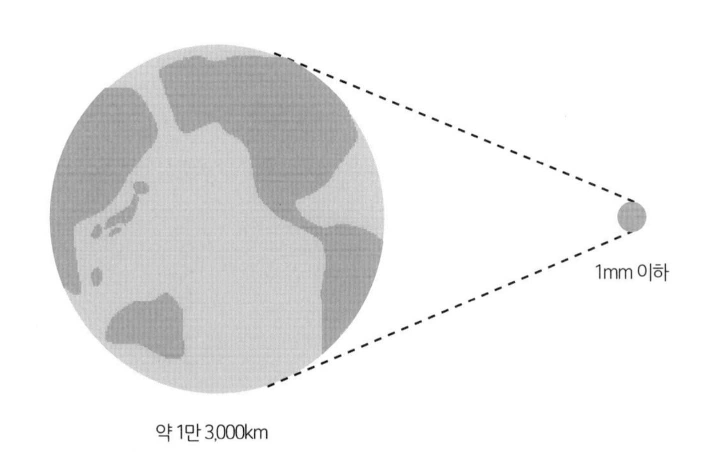


**지구가 블랙홀이 된다면?**

## 블랙홀이란?

블랙홀은 상대성이론의 연구로 존재가 예측된 천체 현상이다. 상대성이론에 따르면 '**중력에 의한 시공간의 뒤틀림이 극한에 달하면 한 번 들어간 물체는 빛조차 다시 빠져나올 수 없게 되는**' 특수한 영역이다.

그렇다면 '빛조차 탈출할 수 없는 천체'란 과연 어떤 것일까? 가령 로켓을 발사했다고 가정해보자. 속도가 충분하다면 로켓은 지구의 중력을 거스르며 우주로 날아간다. 이때의 속도를 '탈출 속도'라고 한다. 탈출 속도는 천체가 가진 중력에 따라 다르다. 지구의 경우 초속 11.2km, 태양은 초속 618km다.

천체 표면의 중력은 천체 반경이 같다면 질량이 클수록, 무게가 같다면 반경이 작을수록 커진다. 그리고 중력이 점점 커지다 어느 한 점에 도달하면 탈출 속도와 광속이 같아진다. 이때의 밀도보다 큰 밀도를 지닌 '천체'가 블랙홀인 것이다.

블랙홀 연구에 관해 20세기 초 독일의 천문학자 슈바르츠실트가 '**슈바르츠실트 반지름**'이라 불리는 값을 발표했다. 이로써 '이보다 더 작게 찌그러지면 블랙홀이 된다'는 한계에 해당하는 반경을 산출할 수 있게 되었다.

## 블랙홀은 시공의 휘어짐

블랙홀이 존재하는 우주를 이해하는 데 필요한 이론이 '상대성이론'과 '양자이론'인데, 두 이론은 거의 정반대에 위치한다. 앞에서 살펴본 것처럼 '상대성이론'에서는 '질량 주변에서는 공간이 휜다'고 해석

한다. 이때 질량이 커질수록 더 많이 휜다. 휘어지는 정도가 너무 크면 직진성이 강한 빛조차도 구부러져 공간에서 탈출할 수 없게 된다.

### 슈바르츠실트·블랙홀

블랙홀의 모델은 다양하지만, 가장 단순하고 알기 쉬운 모델이 **'슈바르츠실트·블랙홀'**이다. 슈바르츠실트·블랙홀은 앞에 나온 '슈바르츠실트 반지름'을 토대로 한 모델이며 '사건의 지평선'이라고도 불린다. 명확한 경계선이 없는 것이 큰 특징이다.

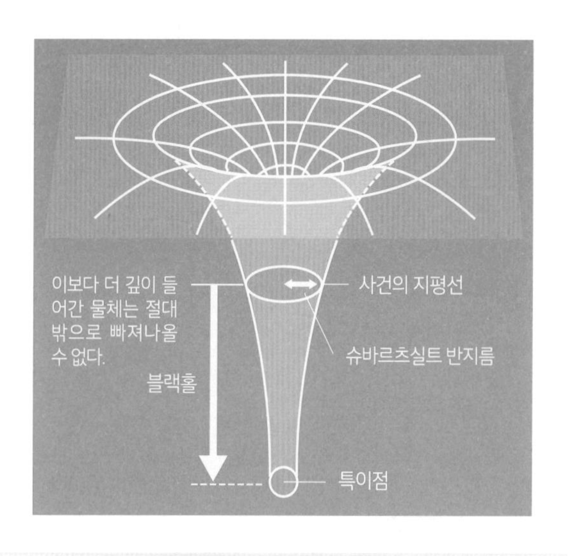


**블랙홀과 슈바르츠실트 반지름**

# 블랙홀이 '증발'한다고?

별과 마찬가지로 블랙홀도 변화한다. 우선 여기서는 소멸해가는 '증발'과 비대해지는 '성장' 두 가지 형태를 소개한다.

## 증발

블랙홀의 '증발'은 영국의 물리학자 스티븐 호킹 교수가 주장했다. 양자역학적 사고에서는 '진공'을 '아무것도 없는 공간'이 아닌 '가상적 입자와 반입자가 쌍을 이루어 생성·소멸을 반복하는 공간'이라고 간주한다.

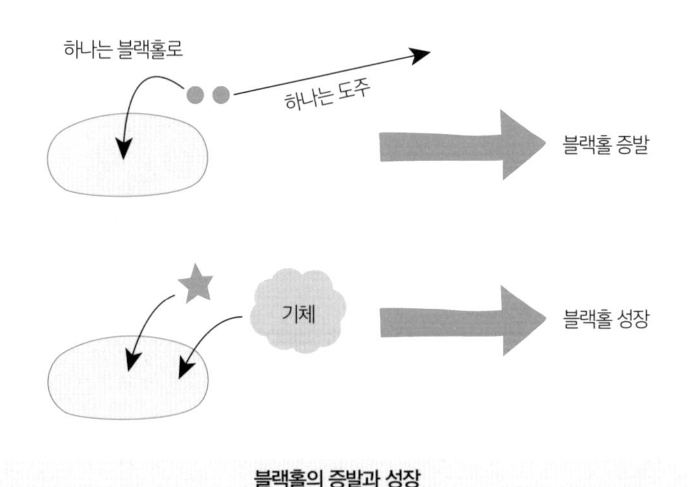


**블랙홀의 증발과 성장**

블랙홀 바로 옆에서 이러한 입자 쌍이 나타나면 '입자 하나는 블랙홀로 빨려들어가고 다른 하나는 우주 저편으로 멀리 날아간다.'

이 현상은 마치 블랙홀에서 입자가 나온 것처럼 보인다. 그래서 호킹은 이 현상을 '블랙홀의 증발'이라고 이름 붙였다. 이 '증발' 때문에 블랙홀의 질량은 서서히 작아진다.

한편 증발 비율은 블랙홀의 질량에 반비례한다. 백조자리 X-1 등으로 대표되는 보통 크기의 블랙홀에서 증발은 무시할 수 있을 정도다. 그러나 작은 블랙홀은 증발하는 데 우주 나이(138억 년)만큼의 시간이 걸린다고 한다.

### 성장

또 하나는 '블랙홀의 성장'이다. 가까운 천체에서 물질을 빨아들이거나 블랙홀끼리 충돌, 합체하면서 성장한다.

예를 들어 은하 중심 부근에서 탄생한 블랙홀은 주위에 기체와 별이 많다. 이 기체와 별을 흡수하며 계속 성장하다가 마지막에는 태양의 1억 배나 되는 질량을 가진 거대한 블랙홀로 성장하기도 한다. 그래서 '은하계 중심에는 거대 블랙홀이 존재한다'라는 학설도 있다.

# 05

## 블랙홀의 일생은 어떨까?

지금까지 살펴본 바와 같이 블랙홀은 크기에 따라 증발 또는 성장의 과정을 거칠 가능성이 있다. 그렇다면 백조자리 X-1 등으로 대표되는 보통 크기의 블랙홀은 어떤 일생을 보낼까?

'주성'과 '반성' 2개의 별로 이루어진 계가 있을 경우 블랙홀의 생애는 다음과 같다.

① 주성은 주변 기체를 중력으로 끌어당겨 적색 거성이 된다.
② 이윽고 적색 거성은 초신성 폭발을 일으켜 블랙홀이 된다. 이렇게 '블랙홀과 반성이 짝을 이룬 연성'이 탄생한다.
③ 이후 몇백만 년에 걸쳐 반성도 점차 커진다. 옆에 있는 블랙홀은 반성 바깥쪽 대기를 빨아들이면서 함께 성장한다.

블랙홀에 빨려들어갈 때 대기에서는 격렬한 운동이 발생해 뜨거워진다. 그리고 원반 모양으로 고속 회전하면서 X선을 방출한다. 이를 '강착원반'이라고 한다. 유명한 사례로 '백조자리 X-1' 블랙홀이 있다. 이제 반성이 완전히 흡수된 후의 모습을 살펴보자.

④ 마침내 반성은 블랙홀에 모조리 흡수되고 반성의 질량만큼 성장

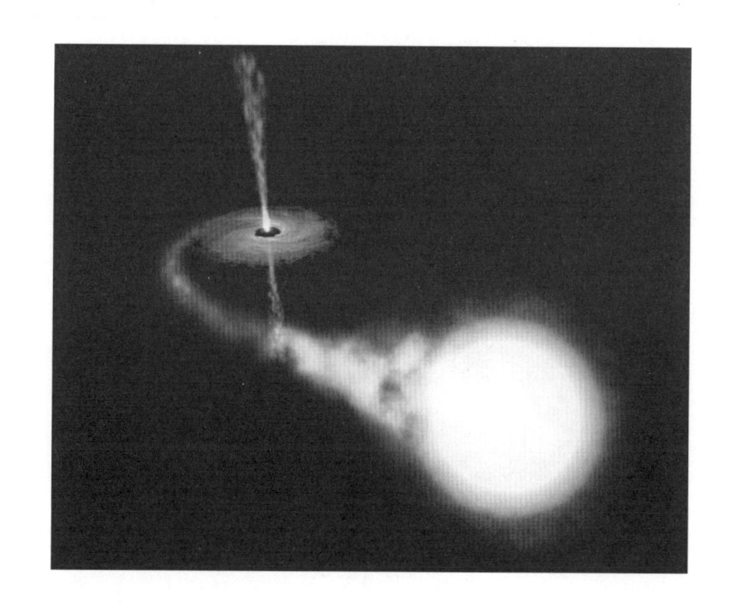

강착원반

한 블랙홀이 남는다. 흡수가 끝난 시점에서 블랙홀의 성장은 멈추는데, 우주를 떠도는 동안 다른 천체 등과 합체해 더 커지는 경우도 있다.

⑤ 만약 우주가 계속 팽창할 경우 먼 미래에 블랙홀은 증발하게 된다. 이때는 앞에서 살펴본 것처럼 막대한 양의 입자가 방출되기 때문에 주위가 가열되고 빛이 방출하면서 밝게 빛난다.

처음에는 빨갛게 빛나는 정도지만, 증발과 함께 블랙홀의 질량이 작아지기 때문에 증발은 더 격렬해진다. 그 결과 블랙홀 주변은 푸른 빛으로 빛난다. 그리고 마지막에는 폭발에 가까운 상태에서 블랙홀의 모든 질량이 증발해버리고 블랙홀은 극적인 생을 마감한다.

이처럼 항성의 죽음으로 탄생한 블랙홀은 반성과 주변 별들을 먹어 치우다 마지막에는 폭발로 일생을 마친다.

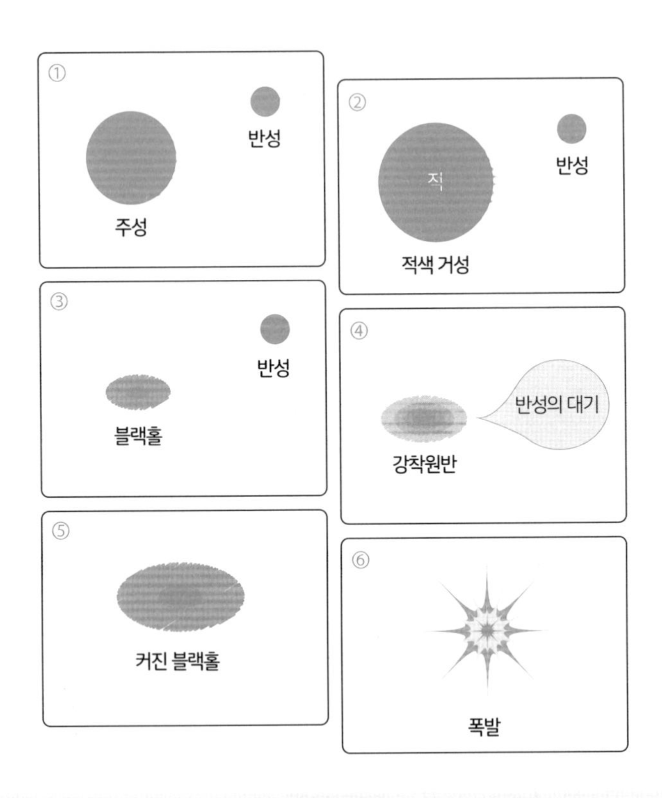


블랙홀의 일생

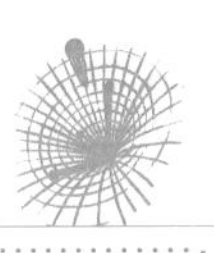

# 드디어 블랙홀을 발견했다고?

블랙홀은 빛을 삼키지만 내보낼 수는 없어서 직접 관찰하기는 어렵다. 따라서 블랙홀의 존재를 예측한 아인슈타인조차 '블랙홀은 이론상의 산물이지 않을까?' 하고 생각했다고 한다.

## X선 관찰

이러한 생각을 뒤집는 사건이 1970년대에 발생했다. 백조자리에 있는 천체에서 도착한 X선을 분석해본 결과 블랙홀의 존재를 의심할 만한 근거가 발견된 것이다.

블랙홀은 천체를 흡수할 때 '강착원반'이라는 고온의 대기 소용돌이를 만든다고 앞에서 설명했다. 이 강착원반은 X선 등의 전자기파를 방사하는데, 이 X선이 관측된 것이다. X선이 블랙홀 자체는 아니지만 간접적이나마 정보를 얻은 것은 큰 진보였다.

## 서브밀리미터파에 의한 관찰

앞에서 '은하계 중심부에 거대 블랙홀이 존재한다'는 학설이 있다고 소개했다. 은하계 중심 부분은 원자핵과 전자가 따로따로 분리된 '플라스마'라는 기체로 뒤덮여 있다. 플라스마에는 거의 모든 전자기파를 차단하는 효과가 있기 때문에 전자기파로 블랙홀을 직접 관찰하는 것은 어렵다는 게 지금까지의 견해였다.

그러나 파장이 0.1~1mm 정도인 '서브밀리미터파'라는 전파가 이 플라스마의 구름을 통과한다는 사실이 밝혀졌다. 현재 이 '플라스마파'로 블랙홀을 자세히 관찰하는 연구가 진행 중이다. '전파망원경'은 이러한 목적으로 설치된 망원경이다.

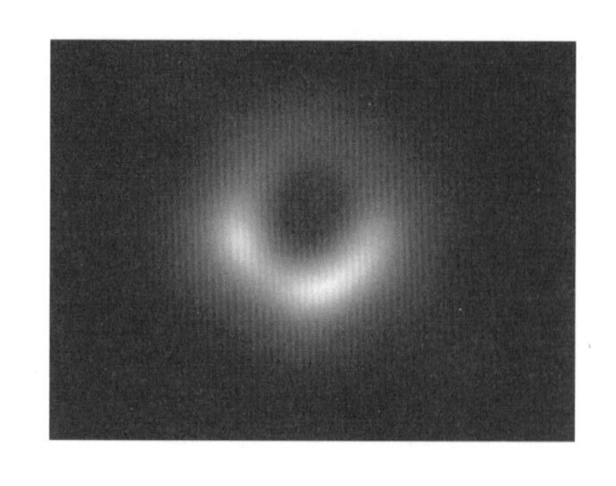

'M87'의 블랙홀

그리고 2019년 4월 10일, 지구에 있는 여덟 대의 대형 전파망원경을 연계한 '사건의 지평선 망원경'이라는 국제 협력 프로젝트에서 마침내 블랙홀을 촬영하는 데 성공했다.

촬영된 블랙홀은 처녀자리 은하단의 타원 은하 'M87' 가까이에 위치한 거대 블랙홀이다. 지구에서 5,550만 광년 떨어져 있으며, 질량이 무려 태양의 65억 배에 달하는 상상을 초월한 크기였다.

착색된 사진에는 중앙에 검은 블랙홀, 그 주변에 오렌지색으로 밝게 빛나는 강착원반이 선명히 찍혀 있었다. 아인슈타인 자신조차 존재를 의심했던 블랙홀이 그 신비의 베일을 벗는 순간이었다.

# 제 11 장

# 우주의 미래

01

138억 년 전 빅뱅 때 사방으로 흩어진 수소 원자가 최종적으로 도달한 곳이 그 시점에서의 우주의 끝이라는 게 과학자들의 생각이다. 그렇다면 우주는 이 순간에도 팽창하고 있을까?

## 우주에서 온 빛

우주에는 많은 항성이 있다. 항성에서 나온 빛은 우주를 여행하다 지구에 도착한다. 빛을 '파장'과 '강도'로 표시한 그래프를 '스펙트럼'이라고 하는데, 여러 개의 빛나는 선으로 구성된 스펙트럼 중 아래 그림과 같은 것을 '휘선 스펙트럼'이라고 한다.

우주에서 오는 빛은 어느 원자에서 나왔느냐에 따라 종류가 다양하다. 빛 휘선 스펙트럼에 나타난 선 간격을 재보면 어느 원자가 방출한 빛인지 알 수 있다. 특히 수소 원자에서 나온 스펙트럼을 분석하면 흥미로운 사실을 알 수 있다. 수소 원자 스펙트럼은 분명 수소 원자에서 나온 것인데도 불구하고 지구상의 수소 원자 스펙트럼과 파장이 다르다. 모든 휘선의 파장이 더 길게 바뀐 것이다.

철의 휘선 스펙트럼

## 멀어지는 수소

조사 결과 파장 길이가 다른 까닭은 '도플러 효과' 때문인 것으로 밝혀졌다. 도플러 효과라는 말을 들으면 사이렌 소리를 떠올리는 사람도 있을 것이다. 경찰차나 구급차의 사이렌 소리는 나에게 가까이 다가올 때는 고음, 멀어질 때는 저음으로 들린다. 파장 길이도 마찬가지다. 우주에서 온 수소의 빛 파장이 길다는 것은 그 수소가 지구에서 멀어지고 있음을 의미한다. 이러한 사실을 통해 우주가 점점 팽창하고 있음을 알 수 있다.

또 수소의 위치와 속도의 관계를 조사했더니 '멀리 떨어진 곳의 수소일수록 고속으로 멀어진다'는 결과가 나왔다. 따라서 몇억 광년이나 떨어져 있는 수소는 거의 빛의 속도로 멀어지고 있을 수도 있다. 만약 그렇다면 그 수소가 방출하는 빛은 영원히 지구에 도달하지 않는다. 즉 그 수소의 위치는 '우주의 끝'이라 간주해도 무방하다.

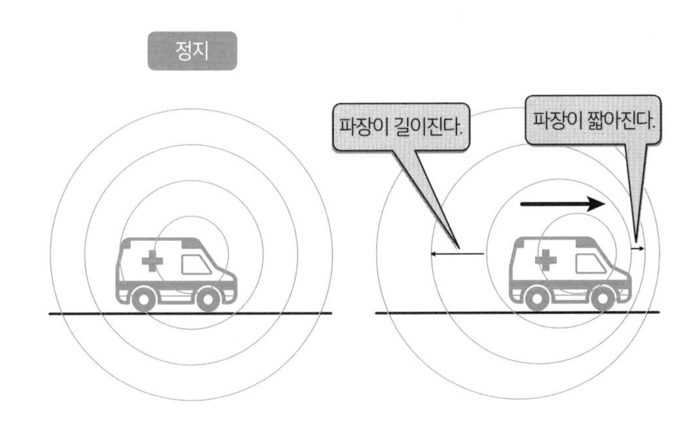


**도플러 효과**

## 천동설 부활?

지구에서 보면, 우주는 '지구에서의 거리에 따라 속도가 가속도적으로 증가하고 있다'는 것을 알 수 있다. 그렇다면 '지구가 우주의 중심'인 걸까?

그렇지 않다. 알기 쉽게 빵 표면에 박힌 건포도에 비유해보자. 빵이 부풀어 오를수록 각각의 건포도는 멀어지지만 특별히 중심이 되는 점은 없다. 모든 점이 동격이다.

즉 '수소가 지구에서 멀어지는' 것처럼 보이지만 수소 입장에서는 '지구가 멀어지는' 것이다.

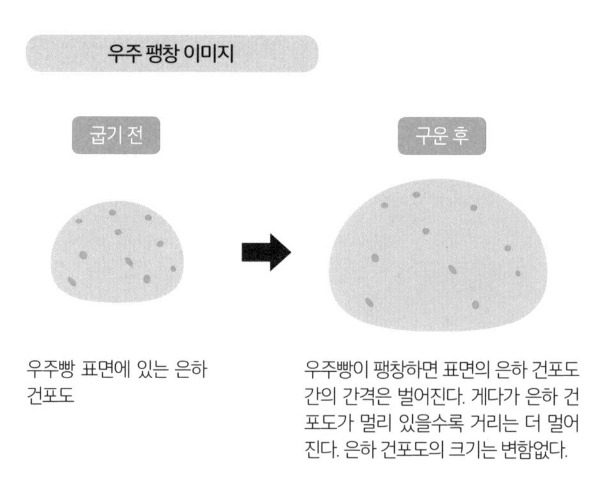


팽창하는 우주를 빵에 비유하면?

# 우주에 관측 불가능한 존재가 있다고?

도심에서 멀리 떨어진 깊은 산속에 들어가 고개를 들면 밤하늘 빼곡히 별들이 빛나고 있다. 별을 비롯한 모든 물질은 원자로 이루어져 있다. 우주 역시 마찬가지다.

## 검은 물체

그러나 현대천문학의 우주관은 조금 특이하다. **우주는 원자 등의 '물질'과 '암흑 물질(다크 매터)' '암흑 에너지' 세 가지 물질로 구성되어 있다고 말한다.** 게다가 이 중 '물질'이 차지하는 비율은 불과 5%도 되지 않는다. 25% 정도는 암흑 물질이고 나머지 약 70%는 암흑 에너지라고 본다. 여기에서의 '암흑'이란 '육안은커녕 어떠한 관측에도 잡히지 않는'이

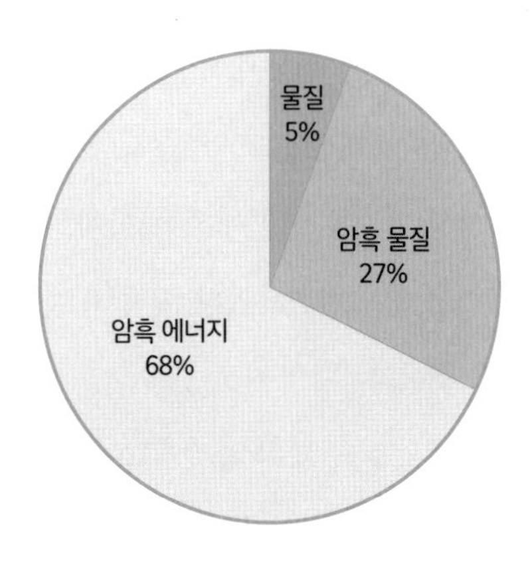


우주를 구성하는 물질은?

라는 의미다. 그런데 관측도 못 하는데 어떻게 존재한다고 주장할 수 있을까? 사실은 에너지 자체가 아니라 '이것들이 일으키는 현상'을 관측하면 알 수 있다고 한다. '본체는 보이지 않지만 그림자는 보이는' 것처럼 말이다.

### 암흑 물질과 암흑 에너지

암흑 물질과 암흑 에너지는 각각 과학 뉴스에서 화제가 되기도 한다. 암흑 물질은 우주 곳곳에 덩어리로 존재하는 '보이지 않지만 중력을 가진' 물질이다. 한편 암흑 에너지는 우주 전체에 균등하게 분포해 있고 '우주가 팽창하는 속도를 높이는 힘을 가지고 있다'고 여겨진다.

눈에는 보이지 않지만 중력을 가진 어떤 물체의 존재에 대해서는 이미 80년 이상 전부터 알려져 있었다. 또 최근에 암흑 물질의 중력 때문에 발생하는 '중력 렌즈 효과'가 발견되면서 존재 가능성에 더 무게가 실리고 있다. 중력 렌즈 현상이 다수 발견되면서 '암흑 물질이 우주에 어떻게 분포해 있는지'를 표시하는 지도 만들기도 한창이다.

한편 '암흑 에너지'라는 개념은 1998년에 등장했다. 아주 멀리 떨어진 곳에 있는 초신성이 기존 이론에서 예상하는 속도보다 더 빠르게 멀어지고 있다는 사실이 발견되었다. 우주가 팽창하는 속도가 점점 빨라지고 있었던 것이다.

과거 우주론에서는 '우주 전체의 중력 때문에 팽창 속도에 제동이 걸린다'고 생각했다. 그래서 '중력을 거슬러 가속하며 우주를 넓히는 미지의 힘'에 '암흑 에너지'라는 이름을 붙인 것이다.

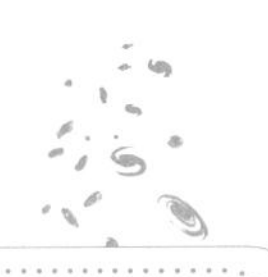

03

# 앞으로 우주는 어떻게 될까?

138억 년 전 일어난 빅뱅 이후 우주는 계속 팽창을 거듭해왔다. 우주는 앞으로 어떻게 될까? 생물처럼 언젠가 끝이 있을까?

## 영원히 존재하는 우주

에드윈 허블

20세기 초까지 과학자들은 '우주는 영원히 변화하지 않고 계속 존재한다'는 '정상 우주론'을 주장했다. 그러나 1920년대에 미국의 에드윈 허블이 '우주의 팽창'을 발견함으로써 '우주의 시작과 끝'이 우주과학의 중요한 연구 주제가 되었다. '우주가 영원히 존재한다'는 이론은 크게 두 가지로 나뉜다.

① 정상 우주론: 관측 결과에 상관없이 '우주는 영원하며 끝이 없다'는 주장이다.

② 진동 우주론: '일시적인 사건으로 종말을 맞이한다'는 이론이다. 빅뱅 전에 우주가 수축하는 '대붕괴'[1]가 있었다고 말한다. 우주

1 현대 우주론에 따르면 우주의 질량이 한계량보다 큰 경우 우주는 자체 인력에 의해 수축하게 되는데, 수축의 최종 상태를 '대붕괴'라고 부른다. 우주의 시작인 '빅뱅'의 반대 국면이다.

는 미래에 다시 대붕괴를 맞이하고 그 후 빅뱅으로 재차 팽창한다고 주장한다. 즉 우주 스케일의 진동이 영원히 계속된다.

### 종말을 맞이하는 우주

앞의 ②에 해당하는 '우주는 언젠가 끝난다'는 이론은 다시 두 가지로 나뉜다.

① 우주의 열적 죽음: '영원히 끝난다'는 이론이다. 우주 자체는 남지만 안에 있는 모든 존재가 변화를 멈춘다는 학설이다.

② 대붕괴: '어느 시점에서 중력이 우주의 팽창 속도를 웃돌면서 우주가 찌그러져 결국 하나의 점이 된다'는 학설이다.

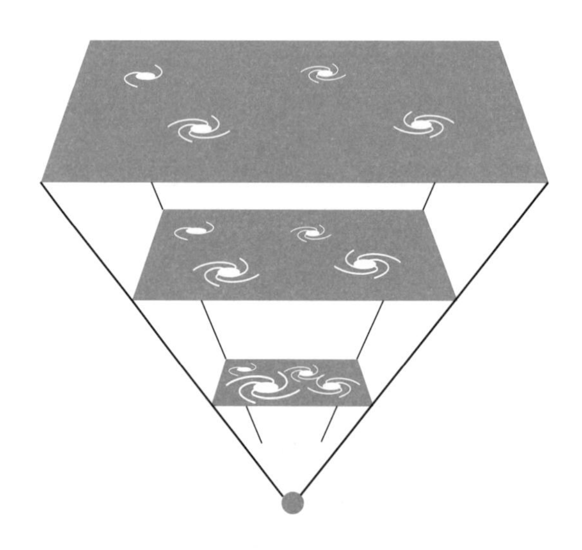

대붕괴는 빅뱅의 반대 현상이다

우주가 실제 어떤 운명을 맞을지는 아무도 모른다.

인류에게는 '정상 우주론'이 가장 바람직한 것처럼 보인다. 단, 가령 정말 끝이 난다고 해도 종말은 앞으로 약 7,300억 년 후에나 벌어질 사건이다. 당분간 걱정할 필요는 없다.

04

## 고대인은 우주를 어떻게 생각했을까?

지금까지 현대 우주론을 살펴보았다. 예부터 인류는 종족마다 고유한 우주관을 가지고 있었던 것으로 보인다. 주요 우주관 몇 가지를 살펴보자.

### 고대 이집트, 유대

고대 이집트에서 대지는 몸이 식물로 뒤덮인 채 누워 있는 남신 게브라고 생각했다. 그리고 몸을 꺾어 구부린 자세를 취한 하늘의 신 누트를 대기의 신이 떠받치고 있다고 여겼다. 태양의 신 라와 달의 신은 각각의 배를 타고 매일 하늘의 나일 강을 횡단하며 죽음의 어둠 속으로 사라져간다고 믿었다.

고대 이집트에서 생각했던 우주

유대에서는 우주를 하계와 상계로 나누었다. 하계의 중심에는 산과 바다가 있는 대지가 존재한다. 대지 주위는 바다로 둘러싸여 있고, 그 바다 바깥쪽, 공기가 있는 곳과 없는 곳의 경계가 하늘이라고 생각했다. 하늘 아래쪽 가장자리는 바람 저장소이며 위쪽은 상계의 물·눈·빙하 저장소라고 믿었다.

### 고대 인도

고대 인도에서는 '세계는 거대한 거북이 등 위에 올라탄 코끼리가 반원 모양의 대지를 떠받치고 있다'고 여겼다. 이 대지 중심에는 '수미산'이라는 불교 우주관에서 나온 굉장히 높은 산이 솟아 있다. 인간은 수미산의 가장 바깥쪽에 있는 '염부제'라는 곳에 살며, 천체는 산 중턱을 돌고 있다고 생각했다. 이러한 사상은 힌두교나 불교 등으로 퍼졌으며, 후에 일본에도 출현했다.

고대 인도에서 생각했던 우주

### 고대 중국

고대 중국에는 크게 네 가지 설이 있다.

**① 지평천구설**

대지는 거대한 정사각형, 하늘은 대지보다 큰 원형 또는 구형이라고 생각했다.

**② 개천설**

대지는 평평한 사각형이며 그 위를 반원 모양의 지붕처럼 생긴 하늘이 덮고 있다.

**③ 혼천설**

달걀 모양의 우주 중심에 노른자 같은 대지가 있다.

**④ 선야설**

'하늘에 모양은 없고, 아무 물질도 존재하지 않는 공허한 공간이 무한히 계속되는 것이 우주다'라는 '무한 우주론'이다. 각 천체는 각각 독자적 규칙에 따라 운동한다고 생각했다.

이 중 '선야설'은 기원후 3세기 진나라의 천문학자 우희가 『안천론』이라는 책에 기록했다. 현대 우주론과 통하는 이론이었지만 그 후 사라졌다.

## 고대 그리스

신화기 이후 그리스에서는 좀 더 관측 결과를 중시하는 즉물적인 우주상이 대세였던 듯하다. 즉 우주의 중심에는 자신들이 사는 지구가 있고 그 주변을 7개의 별, 즉 달, 수성, 금성, 태양, 화성, 목성, 토성이 차례대로 돌고 있다고 생각했다. 그리고 그 바깥쪽으로 별이 박힌 천구가 돌고 있다고 여겼다. 즉 천동설이다.

그러나 이것만으로는 움직이던 행성이 잠시 멈춘 것처럼 보이는 유(留)나 역행을 설명할 수 없었기 때문에 행성은 주전원을 그리며 돈다는 주전원설이 대두했고, 이로써 그리스풍 천동설이 완성되었다.

그리스풍 천동설은 철학자 아리스토텔레스의 '천체론'에서 시작해 천문학자 히파르코스의 '주전원' 주장을 도입해 프톨레마이오스에 이르러 완성되었다.

## 지동설

15세기 들어 대항해 시대의 막이 오르자 별의 위치를 토대로 배의 위치를 파악해야 한다는 실용적인 이유에서 천문학이 번성했다. 그 결과 천동설로는 설명할 수 없었던 여러 사실들도 밝혀졌다. 이때 등장한 인물이 코페르니쿠스다. 코페르니쿠스는 태양을 우주의 중심에 두고 태양 주변을 지구를 비롯한 행성이 회전하는 우주 모습을 제안했다. 이것이 그 유명한 지동설이며, 지동설을 계기로 마침내 현대의 상대론적 우주관이 발전하게 된다.

# 마치며

어떠셨나요? 재미있게 읽으셨나요? 우주를 바라보는 눈이 열리고 우주의 별들이 내뿜는 찬란한 빛이 온몸으로 느껴지는 시간이었기를 바랍니다.

반세기 전 제가 학생이었을 때 취기가 오르면 자주 흥얼거리던 노래가 있었습니다. '데칸쇼부시'라는 제목의 노래인데, 노래 가사 중에 서로 호응을 이루는 이런 구절이 있었습니다. "어차피 할 거면 쩨쩨한 걸 해봐, 벼룩의 간을 갈기갈기 찢어버려" "어차피 할 거면 엄청난 걸 해봐, 교토의 불상을 방귀로 날려버려"

화학 분야에서 벼룩의 간처럼 자잘한 양자화학을 연구하던 저에게 상대성이론은 그야말로 교토의 큰 불상이 별 사이를 날아다니는 듯한, 가슴이 뻥 뚫리는 장대한 존재였습니다.

독자 여러분에게도 이 장대함이 느껴졌다면 저에게는 아주 기쁜 일입니다. 이 책이 재미있었다면 다음에는 반대로 양자론을 읽어보는 건 어떨까요? 상대론보다 훨씬 받아들이기 힘들 테지만 말입니다.

언젠가 다시 뵐 수 있기를 고대하며, 안녕히 계세요.

사이토 가쓰히로

# 참고문헌


相対性理論 (岩波基礎物理シリーズ) 佐藤勝彦 岩波書店 (1996)

相対性理論入門講義 (現代物理学入門講義シリーズ) 風間洋一 (1997)

ゼロから学ぶ相対性理論 竹内薫 講談社 (2001)

特殊および一般相対性理論について　アルバート・アインシュタイン著 金子務訳 白樺社 (2004)

相対性理論 (基礎物理学選書) 江沢洋 裳華房 (2008)

マンガでわかる相対性理論　新藤進 ソフトバンククリエイティブ (2010)

相対性理論 杉山直 講談社 (2010)

ゼロからわかる相対性理論 佐藤勝彦ら監修 ニュートンプレス (2019)

いちばんやさしい相対性理論の本 三澤信也 彩図社 (2017)

相対性理論 福江純 講談社 (2019)

相対性理論の全てがわかる本 科学雑学研究倶楽部 ワンパブリシング (2021)

# 사진 출처

P18 「錬金術」Wikipedia「錬金術」より (https://commons.wikimedia.org/w/index.php?curid=1173733)

P46 「マイケルソン」Wikipedia「アルバート・マイケルソン」より (https://commons.wikimedia.org/w/index.php?curid=2622010)

P46 「モーリー」Wikipedia「エドワード・モーリー」より (https://commons.wikimedia.org/w/index.php?curid=17416314)

P47 「レーマー」Wikipedia「オーレ・レーマー」より (https://commons.wikimedia.org/w/index.php?curid=302624)

P95 「ツァーリ・ボンバ」Wikipedia「ツァーリ・ボンバ」より (By User:Croquant with modifications by User:Hex – 投稿者自身による作品, CC 表示-継承 3.0, https://commons.wikimedia.org/w/index.php?curid=5556903)

P115 「1919年の日食」Wikipedia「1919年5月29日の日食」より (https://commons.wikimedia.org/w/index.php?curid=182028)

P116 「アインシュタインの十字」Wikipedia「アインシュタインの十字架」より (https://commons.wikimedia.org/w/index.php?curid=2237885)

P118 「LIGO」Wikipedia「LIGO」より (Umptanum - 自ら撮影, CC 表示-継承 3.0,https://commons.wikimedia.org/w/index.php?curid=2591541)

P127 「ルイ・ド・ブロイ」Wikipedia「ルイ・ド・ブロイ」より (https://commons.wikimedia.org/w/index.php?curid=62216)

P134 「ハイゼンベルグ」Wikipedia「ヴェルナー・ハイゼンベルク」より（Bundesarchiv, Bild 183-R57262 / 不明 / CC-BY-SA 3.0, CC BY-SA 3.0 de, https://commons.wikimedia.org/w/index.php?curid=5436254）

P156 「褐色矮星」Wikipedia「褐色矮星」より（https://commons.wikimedia.org/w/index.php?curid=2133576）

P159 「スーパーカミオカンデ」

写真提供 東京大学宇宙線研究所 神岡宇宙素粒子研究施設

P168 「降着円盤」Wikipedia「降着円盤」より（https://commons.wikimedia.org/w/index.php?curid=78156）

P171 「『M87』のブラックホール」Wikipedia「M87（天体）」より（イヴェント・ホライズン・テレスコープ, uploader cropped and converted TIF to JPG - https://www.eso.org/public/images/eso1907a/ (image link) The highest-quality image (7416x4320 pixels, TIF, 16-bit, 180 Mb), ESO Article, ESO TIF, CC 表示 4.0, https://commons.wikimedia.org/w/index.php?curid=77925953）

P174 「鉄の輝線スペクトル」Wikipedia「スペクトル」より（https://commons.wikimedia.org/w/index.php?curid=721697）

P181 「ハッブル」Wikipedia「エドウィン・ハッブル」より（https://commons.wikimedia.org/w/index.php?curid=7212789）